石油和化学工业HSE丛书

华安HSE问答

第二册

工艺安全

李 威 ◎主编

蔡明锋 李光明 李文涛 ◎副主编

HEALTH SAFETY
ENVIRONMENT

U0367221

化学工业出版社

·北京·

内容简介

　　"石油和化学工业HSE丛书"由中国石油和化学工业联合会安全生产办公室组织编写，是一套为石油化工行业从业者倾力打造的专业知识宝典，分为华安HSE问答综合安全、工艺安全、设备安全、电仪安全、储运安全、消防应急6个分册，共约1000个热点、难点问题。本工艺安全分册设4章，甄选133个热点问题，全面探讨工艺安全与风险评估、总图布置与安全设计，深入剖析物质危险性与重大危险源，系统聚焦防火、防爆、防毒与防护目标，为提升石油化工行业本质安全水平提供全方位解决方案。

　　无论是石油化工一线生产和管理人员、设计人员，还是政府及化工园区监管人员，都能从这套丛书中获取极具价值的专业知识与科学指导，以此赋能安全管理升级，护航行业行稳致远。

图书在版编目（CIP）数据

　　华安HSE问答. 第二册，工艺安全 / 李威主编 ；蔡明锋，李光明，李文涛副主编. --北京 ：化学工业出版社，2025. 5（2025. 7 重印）. --（石油和化学工业HSE丛书）. -- ISBN 978-7-122-47691-3

　　Ⅰ. TE687-44

　　中国国家版本馆CIP数据核字第20258G2A01号

责任编辑：张　艳　宋湘玲　　　　　　装帧设计：王晓宇
责任校对：李露洁

出版发行：化学工业出版社
　　　　　（北京市东城区青年湖南街13号　邮政编码100011）
印　　　装：北京云浩印刷有限责任公司
710mm×1000mm　1/16　印张10½　字数122千字
2025年7月北京第1版第2次印刷

购书咨询：010-64518888　　　　　　售后服务：010-64518899
网　　　址：http://www.cip.com.cn
凡购买本书，如有缺损质量问题，本社销售中心负责调换。

定　　价：98.00元　　　　　　　　　　版权所有　违者必究

"石油和化学工业 HSE 丛书" 编委会

主　任: 李　彬

副主任: 庄相宁　查　伟　栾炳梅

委　员（按姓名汉语拼音排序）:

蔡明锋　蔡雅良　冯曙光　韩红玉　何继宏　侯伟国

贾　英　金　龙　李　宁　李双程　李　威　刘志刚

卢　剑　马明星　苗　慧　邱　娟　田向煜　王东梅

王宏波　王许红　王玉虎　闫长岭　杨宏磊　于毅冰

张　彬　张志杰　周芹刚　朱传伟

本分册编写人员名单

主　编：李　威

副主编：蔡明锋　李光明　李文涛

编写人员（按姓名汉语拼音排序）：

柏其亚	蔡明锋	蔡雅良	曹梦然	陈笃骏	陈乙雯
丁　伟	董建国	窦衍叶	范志涛	高永宜	顾亿红
韩文辉	韩雪峰	贺江峰	侯海波	胡长舰	贾亚兵
姜　蕾	金发荣	胡佳煜	李保华	李　波	李光明
李　宁	李双程	李　威	李文涛	李小荣	梁新中
梁中海	刘焕焕	刘　军	刘普锡	刘淑莲	刘　童
刘小军	刘新伟	刘　忠	楼　伟	吕伟其	马明星
潘　勇	曲广淼	尚爱娟	师少杰	孙辽东	童　魁
吴常根	王　石	王燮理	王艳彬	王喻飞	王朝晖
吴新永	熊　卫	严　辉	阎锁岐	赵海波	张　朋
张威辉	张雅军	朱晓冬	朱晓立	朱正亚	

在全面建设社会主义现代化国家的新征程上，习近平总书记始终将安全生产作为民生之本、发展之基、治国之要。党的二十大报告明确指出"统筹发展和安全"，为新时代石油化工行业安全生产工作指明了根本方向。

当前我国石化行业正处于转型升级的关键期，面对世界百年未有之大变局，安全生产工作肩负着新的历史使命。一方面，行业规模持续扩大、技术迭代加速带来新风险挑战；另一方面，人民群众对安全发展的期盼更加强烈，党中央对安全生产的监管要求更加严格。这要求我们必须以习近平新时代中国特色社会主义思想为指导，深入贯彻落实党的二十大精神，把党的领导贯穿安全生产全过程，以党建引领筑牢行业安全发展根基。

中国石油和化学工业联合会作为行业的引领者，始终以高度的使命感和责任感，将"推动行业 HSE 自律"作为首要任务，积极引导行业践行责任关怀。我们深刻认识到，提升行业整体安全管理水平，不仅是我们义不容辞的重要职责，更是我们对社会、对广大从业者应尽的庄严责任。

多年来，我们在行业自律与公益服务方面持续发力，积极搭建交流平台，组织各类公益培训与研讨会，凝聚行业力量，共同应对安全挑战。我们致力于传播先进的安全理念和管理经验，推动企业间的互帮互助与共同进步。同时，我们积极组织制定行业标准规范，引导企业自觉遵守安全法规，提升自律意识。

为了更好地服务行业，我们组织专家团队，历时五年精心打造了"石油和化学工业 HSE 丛书"。该丛书涵盖 6 个专业分册，覆盖石油化工各领域热点、难点和共性问题，通过系统、全面且深入的解答，为行业提供了极具价值的参考。

这套丛书是中国石油和化学工业联合会在引导行业安全发展方面的重要里程碑式成果，也是众多专家多年智慧与心血的璀璨结晶。它不仅能够切实帮助从业者提升专业素养，增强应对安全问题的能力，也必将有力推动行业整体安全管理水平实现质的飞跃。

新时代赋予新使命，新征程呼唤新担当。希望全行业以丛书出版为契机，充分发掘和利用这套丛书的价值，深入学习贯彻习近平总书记关于安全生产的重要指示精神，坚持用党的创新理论武装头脑，把党的领导落实到安全生产各环节。让我们以"时时放心不下"的责任感守牢安全底线，以"永远在路上"的坚韧执着提升安全管理水平，共同谱写石化行业安全发展新篇章，为建设世界一流石化产业体系、保障国家能源安全作出新的更大贡献！

中国石油和化学工业联合会党委书记、会长

李寿鹏

2025 年 5 月 4 日

在石油和化学工业的发展进程中，安全生产始终是悬于头顶的达摩克利斯之剑，关乎着行业的兴衰成败，更与无数从业者的生命福祉紧密相连。

近年来，随着社会对安全问题的关注度达到空前高度，安全监管力度也在持续强化。在这一背景下，化工作为高危行业，承受着巨大的安全管理压力。各类安全检查密集开展，安全标准如潮水般不断涌现，行业企业应接不暇，更面临诸多困惑与挑战。尤其是在安全检查的实际执行过程中，专家队伍专业能力参差不齐，对安全标准理解和执行存在差异，导致检查效果大打折扣，引发了一系列争议，也在一定程度上影响了正常的生产经营活动。

中国石油和化学工业联合会安全生产办公室肩负着推动行业安全生产进步的重要使命，始终密切关注行业企业的诉求。自 2020 年起，我们积极搭建交流平台，依托 HSE 专家库组建了"华安 HSE 智库"微信群，汇聚了来自行业内的 7000 余位专家精英。大家围绕 HSE 领域的热点、难点及共性问题，定期开展线上研讨交流，在思维的碰撞与交融中，不断探寻解决问题的有效途径。

专家们将研讨成果精心梳理、提炼，以"华安 HSE 问答"的形式在中国石油和化学工业联合会安全生产办公室微信公众号上发布，至今已推出 230 多期。这些问答以其深刻的技术内涵和强大的实用性，受到了行业内的广泛赞誉，为从业者提供了宝贵的参考和指引。然而，随着时间的推移和行业的快速发展，这些问答逐渐暴露出内容较为分散，缺乏系统性的知识架构，检索和学习不便以及部分法规标准滞后等问题。

为紧密契合石油和化学工业蓬勃发展的需求，我们精心组建了一支阵容强大、经验丰富的专家团队。经过长达五年的精雕细琢，正式推出"石油和化学工业 HSE 丛书"。这套丛书共分为 6 个分册，涵盖了综合安全、工艺安全、设备安全、电仪安全、储运安全以及消防应急各个专业安全层面，是行业内众多资深专家潜心研究的智慧结晶，不仅反映了当今石油化工安全领域的最新理论成果与良好实践，更填补了国内石化安全系统化知识库的空白，开创了"问题导向—实战解析—标准迭代"的新型知识生产模式。丛书采用问答形式，内容简明扼要、依据充分；实用性强、查阅便捷。既可作为企业主要负责人、安全管理人员的案头工具书，也可为现场操作人员提供"即查即用"的操作指南，对当前石油化工安全管理实践具有重要指导意义。

其中，本工艺安全分册作为丛书中的重要组成部分，设置了 4 章，精心梳理 133 个行业热点问题，全面探讨工艺安全与风险评估、总图布置与安全设计，深入剖析物质危险性与重大危险源，系统聚焦防火、防爆、防毒与防护目标，为提升石油化工行业本质安全水平提供全方位解决方案。

本丛书亮点突出，特色鲜明：一是严格遵循"三管三必须"原则，深度聚焦安全专业建设与专业安全管理，以系统性的阐述推动全员安全生产责任制的全面落实。从石油化工领域的基础原理到复杂工艺，从常规设备到特殊装置，内容全面且系统，几乎涵盖了石油化工各专业可能面临的安全问题，为安全生产提供全方位的技术支撑。二是具备极强的实用性。紧密贴合石油化工行业实际工作需求，精准直击日常工作中的痛点与难点，以通俗易懂的语言答疑解惑，让从业者能够轻松理解并运用到实际操作中，切实提升安全管理与操作执行水平。三是充分反映行业最新监管要求、标准规范以及实践经验，为读者提供最前沿、最可靠的安全知识。

我们坚信，"石油和化学工业 HSE 丛书"的出版，将为石油化工行业的安全生产管理注入新的活力，助力大家提升专业素养和实践能力。同时，由于编者学识所限，书中难免存在疏漏与不当之处，我们真诚地希望行业内的专家和广大读者能够对本书提出宝贵的意见和建议，以便我们不断完善和改进。

最后，向所有参与本丛书编写、审核和出版工作的人员表示衷心的感谢。正是因为他们的辛勤付出和无私奉献，这套丛书才得以顺利与大家见面。我们期待着本丛书能够成为广大石油化工领域从业者的良师益友，在行业安全发展的道路上发挥重要的灯塔引领作用，为推动石油和化学工业的安全、可持续发展贡献力量。

编写组

2025 年 3 月

免责声明

　　本书系中国石油和化学工业联合会HSE智库专家日常研讨成果的总结。书中所有问题的解答仅代表专家个人观点，与任何监管部门立场无关。

　　书中所引用的标准条款，是基于专家的日常工作经验及对标准的理解整理而成，旨在为使用者日常工作提供参考。鉴于实际工作场景的多样性与复杂性，使用者应依据具体情况，审慎选择适用条款。

　　需特别注意的是，相关标准与政策处于持续更新变化之中，使用者务必选用最新版本的法规标准，以确保工作的合规性与准确性。

　　本书最终解释权归中国石油和化学工业联合会安全生产办公室所有。中国石油和化学工业联合会对任何机构或个人因引用本书内容而产生的一切责任与风险，均不承担任何法律责任。

目录 CONTENTS

第二章　总图布置与安全设计

HSE

HEALTH SAFETY
ENVIRONMENT

第一章

工艺安全与风险评估

深度剖析工艺安全要点，科学精准开展风险评估，筑牢安全生产根基。

——华安

问 **1** "两重点一重大"如何定义？

答："两重点一重大"是重点监管危险化工工艺、重点监管危险化学品和危险化学品重大危险源的简称。具体介绍如下：

重点监管危险化工工艺：原国家安全生产监督管理总局（安监总局）为提高化工生产装置和危险化学品储存设施本质安全水平，指导各地对涉及危险化工工艺的生产装置进行自动化改造，分别于 2009 年、2013 年组织编制了首批、第二批《重点监管的危险化工工艺目录》和《重点监管的危险化工工艺安全控制要求、重点监控参数及推荐的控制方案》，确定 18 类重点监管的危险化工工艺。

重点监管的危险化学品：原安监总局为进一步突出重点、强化监管，指导安全监管部门和危险化学品单位切实加强危险化学品安全管理工作，在综合考虑 2002 年以来国内发生的化学品事故情况、国内化学品生产情况、国内外重点监管化学品品种、化学品固有危险特性和近四十年来国内外重特大化学品事故等因素的基础上，分别于 2011 年、2013 年组织对现行《危险化学品名录》中的 3800 余种危险化学品进行了筛选，编制了首批、第二批《重点监管的危险化学品名录》，将 74 种危险化学品直接列入名录并给出了重点监管的危险化学品确定原则。

危险化学品重大危险源：指长期地或临时地生产、储存、使用和经营危险化学品，且危险化学品的数量等于或超过临界量的单元，根据《危险化学品重大危险源辨识》GB 18218—2018 有关规定辨识。

> **参考1** 《国家安全监管总局 住房城乡建设部关于进一步加强危险化学品建设项目安全设计管理的通知》（安监总管三〔2013〕76 号）

> **参考2** 《国家安全监管总局关于公布首批重点监管的危险化学品名录的通知》（安监总管三〔2011〕95 号）

> **参考 3**　《国家安全监管总局关于公布第二批重点监管危险化学品名录的通知》（安监总管三〔2013〕12 号）

> **参考 4**　《国家安全监管总局关于公布首批重点监管的危险化工工艺目录的通知》（安监总管三〔2009〕116 号）

> **参考 5**　《国家安全监管总局关于公布第二批重点监管危险化工工艺目录和调整首批重点监管危险化工工艺中部分典型工艺的通知》（安监总管三〔2013〕3 号）

> **参考 6**　《危险化学品重大危险源辨识》（GB 18218—2018）

问 **2**　"两重点一重大"危险化学品生产建设项目设计阶段如何管控风险？

答： 涉及"两重点一重大"的大型危险化学品生产建设项目在设计阶段应根据《关于进一步加强危险化学品建设项目安全设计管理的通知》有关规定，从严格建设项目设计单位资质要求、落实建设项目安全管理职责、强化安全设计过程管理、安全设计实施要点等方面加强安全设计，由具备工程设计综合资质或相应工程设计化工石化医药、石油天然气（海洋石油）行业、专业资质甲级的工程设计单位进行设计。

同时，根据《危险化学品生产建设项目安全风险防控指南》规定，应严格落实如下防控措施：

（1）设计单位应对安全评价报告提出的重大危险源辨识和分级结果进行复核，并按照危险化学品重大危险源监督管理相关规定，落实监测监控系统、应急救援器材和设备配备的有关设计要求。

（2）依据《关于公布首批重点监管的危险化工工艺目录的通知》和《关于公布第二批重点监管危险化工工艺目录和调整首批重点监管危险化工

工艺中部分典型工艺的通知》，设计应进行建设项目的重点监管危险化工工艺辨识结果复核，给出辨识结果清单，落实工艺安全控制、重点监控参数及控制方案的有关设计要求。

（3）依据《首批重点监管的危险化学品名录》和《第二批重点监管危险化学品名录》进行重点监管危险化学品辨识结果复核，设计应给出辨识结果清单，落实应急处置、防范措施、应急器材和个体防护装备配备的有关设计要求。

> **参考1** 《国家安全监管总局　住房城乡建设部关于进一步加强危险化学品建设项目安全设计管理的通知》（安监总管三〔2013〕76号）

> **参考2** 《危险化学品生产建设项目安全风险防控指南》（应急〔2022〕52号），7.3.2"两重点一重大"建设项目防控措施。

问 3 新建项目危险化学品安全生产许可证应在什么阶段办理？

答： 在项目试生产期间，建设单位应在安全设施竣工验收通过后10日内向所在地省级安全生产监督管理部门或其委托的安全生产监督管理部门申请安全生产许可证。

> **参考** 《危险化学品生产企业安全生产许可证实施办法》（国家安全监管总局令第41号，第89号修订）第二十四条

延伸阅读： 安全生产许可证有效期为3年。企业安全生产许可证有效期届满后继续生产危险化学品的，应当在安全生产许可证有效期届满前3个月提出延期申请，并提交延期申请书和《危险化学品生产企业安全生产许可证实施办法》第二十五条规定的申请文件、资料。

小结： 安全设施竣工验收通过后10日内申请安全生产许可证。

问 **4** 化工企业 HAZOP 分析是否有频次要求？

答： 涉及"两重点一重大"的生产装置、储罐等流程单元，每 3 年进行一次 HAZOP 分析（危险与可操作性分析），其他单元可选用安全检查表、工作危害分析、预危险性分析、故障类型和影响分析（FMEA）、HAZOP 技术等方法或多种方法组合，可每 5 年进行一次。

> **参考**《国家安全监管总局关于加强化工过程安全管理的指导意见》（安监总管三〔2013〕88 号）第五条

对涉及重点监管危险化学品、重点监管危险化工工艺和危险化学品重大危险源（以下统称"两重点一重大"）的生产储存装置进行风险辨识分析，要采用 HAZOP 技术，一般每 3 年进行一次。对其他生产储存装置的风险辨识分析，针对装置不同的复杂程度，选用安全检查表、工作危害分析、预危险性分析、故障类型和影响分析（FMEA）、HAZOP 技术等方法或多种方法组合，可每 5 年进行一次。

延伸阅读： 从工艺变更、企业风险矩阵变化、企业装置的保护策略的变化、以往 HAZOP 分析假设条件的变化、事故事件、法律法规或者行业强制或者良好实践做法的变化、企业风险管控的要求等方面考虑，建议定期进行 HAZOP 分析。

小结： 涉及"两重点一重大"的生产储存装置每 3 年进行一次 HAZOP 分析，其他生产储存装置可每 5 年组织一次包括但不限于 HAZOP 方法的过程危害分析。

问 **5** 哪些阶段可以开展 HAZOP 分析？如何保证分析质量？

答： 化工装置的基础设计阶段、详细设计阶段、运行阶段均可以开展

HAZOP 分析。

首次工业化应用的化工工艺，以及涉及"两重点一重大"的建设项目，必须在基础工程设计阶段开展 HAZOP 分析；其他化工装置可在基础设计阶段开展 HAZOP 分析；涉及"两重点一重大"的生产装置、储罐等流程单元运行阶段，每 3 年进行一次 HAZOP 分析。HAZOP 分析结果应作为装置设计和运行阶段风险管理的重要依据。

HAZOP 方法以其分析全面、系统、细致等突出优势成为目前危险性分析领域最盛行的分析方法之一。HAZOP 方法是许多安全规范中推荐应用的危险辨识方法。目前，《危险与可操作性分析（HAZOP 分析）应用指南》（GB/T 35320—2017）和《危险与可操作性分析（HAZOP 分析）应用导则》（AQ/T 3049—2013）均对 HAZOP 分析原理、应用领域、分析程序、分析报告的审核方面做出了细致的技术规定，HAZOP 分析应按照 GB/T 35320—2017、AQ/T 3049—2013 等有关技术标准规定开展。

建议从如下几个方面管控提升 HAZOP 分析质量：

① 组织经验丰富、熟悉装置的 HAZOP 分析小组，确保 HAZOP 分析小组成员具有相关专业知识和经验，能够全面、准确地进行分析；

② 确保 HAZOP 分析过程中的记录完整、准确，包括对每个节点的描述、标记及可能的危险情景；

③ HAZOP 分析过程中应该考虑各种可能的失效情况，包括人为失误、设备故障等；

④ 确保 HAZOP 分析报告中包含详细的危险分析结果及建议控制措施；

⑤ 对 HAZOP 分析报告进行审查和验证，确保其准确性和完整性；

⑥ 在实施 HAZOP 建议时应有系统的追踪和监督机制，确保控制措施的有效性；

⑦ 建设单位在建设项目设计合同中应主动要求设计单位对设计进行危险与可操作性（HAZOP）审查，并派遣有生产操作经验的人员参加审查，

对 HAZOP 审查报告进行审核。

> ‹ **参考 1** 《国家安全监管总局　住房城乡建设部关于进一步加强危险化学品建设项目安全设计管理的通知》（安监总管三〔2013〕76 号）

> ‹ **参考 2** 《国家安全监管总局关于加强化工过程安全管理的指导意见》（安监总管三〔2013〕88 号）

> ‹ **参考 3** 《危险与可操作性分析（HAZOP 分析）应用指南》（GB/T 35320—2017）

> ‹ **参考 4** 《危险与可操作性分析（HAZOP 分析）应用导则》（AQ/T 3049—2013）

小结： 化工装置的基础设计阶段、详细设计阶段、运行阶段均可按《危险与可操作性分析（HAZOP 分析）应用指南》（GB/T 35320—2017）和《危险与可操作性分析（HAZOP 分析）应用导则》（AQ/T 3049—2013）规定的工作流程开展 HAZOP 分析。

问 **6** 哪些精细化工工艺要进行反应安全风险评估？

答： 以下精细化工工艺应进行反应风险评估：

（1）国内首次投入工业化生产的新工艺、新配方，从国外首次引进且未进行反应安全风险评估的工艺；

（2）现有工艺路线、工艺参数或装置能力发生变更且未开展反应安全风险评估的工艺；

（3）因为反应工艺问题发生过生产安全事故的工艺；

（4）属于精细化工重点监管危险化工工艺及金属有机物合成反应（包括格氏反应）。

◂ **参考1** 《全国安全生产专项整治三年行动计划（2020—2022）》（安委〔2020〕3号）危险化学品安全专项整治三年行动实施方案。

3. 深化精细化工企业反应安全风险评估。凡列入精细化工反应安全风险评估范围但未开展评估的精细化工生产装置，一律不得生产。

◂ **参考2** 《关于加强精细化工反应安全风险评估工作的指导意见》（安监总管三〔2017〕1号）

二、准确把握精细化工反应安全风险评估范围和内容

（一）企业中涉及重点监管危险化工工艺和金属有机物合成反应（包括格氏反应）的间歇和半间歇反应，有以下情形之一的，要开展反应安全风险评估：

1. 国内首次使用的新工艺、新配方投入工业化生产的以及国外首次引进的新工艺且未进行过反应安全风险评估的；

2. 现有的工艺路线、工艺参数或装置能力发生变更，且没有反应安全风险评估报告的；

3. 因反应工艺问题，发生过生产安全事故的。

◂ **参考3** 《危险化学品生产建设项目安全风险防控指南（试行）》（应急〔2022〕52号）

6.3.4 反应安全风险评估

（1）涉及重点监管的危险化工工艺和金属有机物合成反应（包括格氏反应）的间歇和半间歇的精细化工反应，有下列情形之一的，应开展反应安全风险评估：

a）首次使用新工艺、新配方投入工业化生产的；

b）国外首次引进的新工艺且未进行反应安全风险评估的；

c）现有工艺路线、工艺参数或装置能力（不包括增加设备台套数）发生变更的；

d）因反应工艺问题，发生过生产安全事故的。

‹ **参考4** 《精细化工反应安全风险评估规范》（GB/T 42300—2022），
4.1 评估对象。

小结： 国内首次工艺、现有工艺路线／参数或装置能力提升且未开展反应安全风险评估的工艺、因为反应工艺问题发生过生产安全事故的工艺、属于精细化工重大监管危险化工工艺及金属有机物合成反应（包括格氏反应）需要进行反应安全风险评估。

问 **7** 精细化工反应工艺危险度 2 级工艺过程必须设置安全阀和爆破片吗？

答： 可根据设计规范要求，结合相关设备的最高操作压力，综合确定是否应设置爆破片和安全阀等泄放设施。

《精细化工反应安全风险评估规范》GB/T 42300—2022 规定，对于反应工艺危险度为 2 级的工艺过程，在配置常规自动控制系统，对主要反应参数进行集中监控及自动调节［分布式控制系统（DCS）或可编程逻辑控制器（PLC）］的基础上，应设置偏离正常值的报警和联锁控制；宜根据设计要求及规范设置但不限于爆破片、安全阀；应根据安全完整性等级（SIL）评估要求，设置相应的安全仪表系统。

《重点监管危险化工工艺安全控制的基本要求和宜采用的控制方式》中明确需要设置安全泄放系统，安全泄放系统包括但不限于爆破针阀、折断销、安全阀、爆破片或两者的组合，根据工艺不同可能还需要设置主机入侵防范系统（HIPS）、高完整性压力保护系统（HIPPS）、火炬系统，这些都是根据工艺危害分析和保护层分析确定的。

《危险化学品生产建设项目安全风险防控指南》规定精细化工反应工艺

危险度2级工艺过程在非正常条件下有可能超压的反应系统，应设置爆破片和安全阀等泄放设施。

> **参考1** 《精细化工反应安全风险评估规范》（GB/T 42300—2022），7.6。

> **参考2** 《国家安全监管总局关于公布首批重点监管的危险化工工艺目录的通知》（安监总管三〔2009〕116号）附件2《首批重点监管的危险化工工艺安全控制要求、重点监控参数及推荐的控制方案》

> **参考3** 《国家安全监管总局关于公布第二批重点监管危险化工工艺目录和调整首批重点监管危险化工工艺中部分典型工艺的通知》（安监总管三〔2013〕3号）附件2《第二批重点监管的危险化工工艺安全控制要求、重点监控参数及推荐的控制方案》

> **参考4** 《危险化学品生产建设项目安全风险防控指南》（应急〔2022〕52号），7.3.3（3）。

小结： 应根据设计规范要求，结合相关设备的最高操作压力，综合确定是否应设置爆破片和安全阀等泄放设施。

问 8 哪些精细化工工艺要针对全流程进行反应风险评估？

答： 涉及硝化、氯化、氟化、重氮化、过氧化工艺的精细化工生产建设项目应进行有关产品生产工艺全流程的反应安全风险评估，并对相关原料、中间产品、产品及副产物进行热稳定性测试和蒸馏、干燥、储存等单元操作的风险评估。中间产品、产品及副产物进行热稳定性测试和蒸馏、干燥、储存等单元操作的风险评估。

> **参考1** 《全国安全生产专项整治三年行动计划（2020—2022）》（安

委〔2020〕3号）危险化学品安全专项整治三年行动实施方案

深化精细化工企业反应安全风险评估。现有涉及硝化、氯化、氟化、重氮化、过氧化工艺的精细化工生产装置必须于2021年底前完成有关产品生产工艺全流程的反应安全风险评估，同时按照加强精细化工反应安全风险评估工作指导意见，对相关原料、中间产品、产品及副产物进行热稳定性测试和蒸馏、干燥、储存等单元操作的风险评估。

> **‹ 参考2** 《关于加强精细化工反应安全风险评估工作的指导意见》（安监总管三〔2017〕1号）第二条。

> **‹ 参考3** 《危险化学品生产建设项目安全风险防控指南（试行）》（应急〔2022〕52号），6.3.4（5）。

> **‹ 参考4** 《精细化工反应安全风险评估规范》（GB/T 42300—2022）

小结： 涉及硝化、氯化、氟化、重氮化、过氧化工艺的精细化工生产建设项目应进行有关产品生产工艺全流程的反应安全风险评估。

问　**9**　开展精细化工反应风险评估的单位需要具备什么资质？

答： 反应安全风险评估单位需要具备必要的工艺技术、工程技术、热安全和热动力学技术团队和实验能力，具备中国合格评定国家认可实验室（CNAS认可实验室）资质，保证相关设备和测试方法及时得到校验和比对，保证测试数据的准确性。

> **‹ 参考** 《国家安全监管总局关于加强精细化工反应安全风险评估工作的指导意见》（安监总管三〔2017〕1号）附件《精细化工反应安全风险评估导则（试行）》第3.3条：实验能力。

延伸阅读： 2024年4月18日，应急管理部危化监管一司印发《关于转发

〈江西省应急管理厅关于精细化工反应风险评估工作的通报〉的函》（以下简称《通报》）

《通报》第一条：精细化工反应安全风险评估工作专业性强、技术要求高各企业委托的反应安全风险评估机构应具备《关于加强精细化工反应安全风险评估工作的指导意见》（安监总管三〔2017〕1号）要求的工艺技术、工程技术、热安全和热动力学技术团队和实验能力，具备中国合格评定国家认可实验室（CNAS认可实验室）资质，保证相关设备和测试方法及时得到校验和比对，从而保证测试、评估的准确可靠，各级应急管理部门不得指定评估机构。

《通报》第二条：各评估机构应严格按照《精细化工反应安全风险评估导则（试行）》《精细化工反应安全风险评估规范》（GB/T 42300—2022）的要求，对企业反应中涉及的原料、中间物料、产品等化学品进行热稳定测试，对化学反应过程开展热力学和动力学分析，确定反应工艺危险度等级，并从工艺设计、仪表控制、报警与紧急干预（安全仪表系统）、物料释放后的收集与保护，厂区和周边区域的应急响应等方面提出有关安全风险防控建议。

小结： 精细化工反应风险评估单位需要CNAS认可实验室资质。

问 10 什么情况下需要进行首次工艺安全可靠性论证？

答： 建设项目涉及国内首次使用的化工工艺时，需要进行安全可靠性论证。

危险化学品建设项目如果选用的是首次开发工艺技术，没有完备的小试、中试、工业化试验基础支撑，不能证明其技术的安全可靠性，就可能存在潜在的事故风险，故要求对工艺安全可靠性进行论证。建设单位应组织编制首次工艺安全可行性论证报告，提请省级有关主管部门组织论证。

《危险化学品生产建设项目安全风险防控指南（试行）》（应急〔2022〕52号）等法规文件均对建设项目首次工艺安全可靠性论证工作作出了有关规定。

‹ 参考1 《危险化学品生产建设项目安全风险防控指南（试行）》（应急〔2022〕52号）

5.6.3　新建危险化学品生产建设项目采用的生产工艺技术应当来源合法、安全可靠；属于国内首次使用的化工工艺，应经过省级人民政府有关部门组织的安全可靠性论证；建设项目需由符合相应资质要求的设计单位承担设计。

6.3.3　（1）国内首次使用的化工工艺技术是指：

a）产品为国内首次生产且涉及化学反应过程的；

b）或者拟采用工艺技术是国内首次中试放大或产业化应用的实验室技术；

c）或者产品在国内由其他化工企业生产，但是工艺路线、原料路线或者操作控制路线为国内首次使用；

d）或者引进国外成熟生产工艺在国内首次使用的生产工艺技术；

e）国内有其他化工企业采用相同工艺路线生产相同产品，但生产能力、关键生产装置（增加设备台套数除外）有重大变化的。

‹ 参考2 《国家安全监管总局办公厅关于国内首次使用化工工艺安全可靠性论证有关问题的复函》（安监总厅管三函〔2015〕45号）

国内首次使用的化工工艺安全可靠性论证，可由建设项目所在地或新工艺发明单位所在地按照本省职责分工具有工艺安全可靠性论证职责的部门或省级安全监管部门组织鉴定。

小结：对属于国内首次使用的化工工艺项目，建设单位应在安全条件审查前编制安全可靠性论证报告，提请有关部门进行论证。

问 **11** 首次工艺安全可靠性论证包含哪些内容？

答： 国内首次使用的化工工艺安全可靠性论证报告具体内容可按照《危险化学品生产建设项目安全风险防控指南（试行)》有关规定确定，同时应考虑地方政府有关规定。国内首次使用的化工工艺安全可靠性论证报告应包括但不限于以下内容。

（1）工艺技术来源及与国内外同类工艺技术对比分析；

（2）明确属于国内首次使用的化工工艺的范围；

（3）工艺技术小试、中试及工业化试验有关结果及佐证材料；④生产规模、产品方案和质量指标；

（4）涉及的主要原辅材料、中间产品、最终产品及其危险化学品理化性能指标；

（5）建设项目危险、有害因素分析；

（6）工艺流程说明及流程图、物料平衡图；

（7）工艺倍数放大热力学分析；

（8）工艺安全可靠性分析及对策措施；

（9）主要设备选择原则、依据及选择方案；

（10）主要设备安全可靠性分析及对策措施；

（11）自控联锁方案安全可靠性分析及对策措施；

（12）采取的安全、消防、应急对策措施。

◄ **参考** 《危险化学品生产建设项目安全风险防控指南（试行)》(应急〔2022〕52号)，6.3.3。

问 12　石油炼制延迟焦化工艺是否为受重点监管的裂解工艺？

答： 基于裂解工艺定义以及工艺危险特点的角度，石油炼制延迟焦化工艺不属于重点监管工艺中的裂解工艺。

石油加工中，焦化是渣油焦炭化的简称，是指重质油（如重油，减压渣油，裂化渣油甚至土沥青等）在 500℃ 左右的高温条件下进行深度的裂解和缩合反应，产生气体、汽油、柴油、蜡油和石油焦的过程。焦化主要包括延迟焦化、灵活焦化等工艺技术。

延迟焦化工艺中部分生产工序，如重油，减压渣油，裂化渣油甚至土沥青在高温条件下进行深度的裂解反应，可以视为裂解工艺，但其工艺危险特点、重点监控工艺参数、安全控制的基本要求等方面与重点监管的裂解工艺有着根本的区别。

> **参考**《国家安全监管总局关于公布首批重点监管的危险化工工艺目录的通知》（安监总管三〔2009〕116号），裂解（裂化）工艺。

反应类型	高温吸热反应	重点监控单元	裂解炉、制冷系统、压缩机、引风机、分离单元
工艺简介			

裂解是指石油系的烃类原料在高温条件下，发生碳链断裂或脱氢反应，生成烯烃及其他产物的过程。产品以乙烯、丙烯为主，同时副产丁烯、丁二烯等烯烃和裂解汽油、柴油、燃料油等产品。

烃类原料在裂解炉内进行高温裂解，产出组成为氢气、低/高碳烃类、芳烃类以及馏分为 288℃ 以上的裂解燃料油的裂解气混合物。经过急冷、压缩、激冷、分馏以及干燥和加氢等方法，分离出目标产品和副产品。

在裂解过程中，同时伴随缩合、环化和脱氢等反应。由于所发生的反应很复杂，通常把反应分成两个阶段。第一阶段，原料变成的目的产物为乙烯、丙烯，这种反应称为一次反应。第二阶段，一次反应生成的乙烯、丙烯继续反应转化为炔烃、二烯烃、芳烃、环烷烃，甚至最终转化为氢气和焦炭，这种反应称为二次反应。裂解产物往往是多种组分混合物。影响裂解的基本因素主要为温度和反应的持续时间。化工生产中用热裂解的方法生产小分子烯烃、炔烃和芳香烃，如乙烯、丙烯、丁二烯、乙炔、苯和甲苯等

续表

反应类型	高温吸热反应	重点监控单元	裂解炉、制冷系统、压缩机、引风机、分离单元

<table>
<tr><td colspan="4" align="center">工艺危险特点</td></tr>
</table>

（1）在高温（高压）下进行反应，装置内的物料温度一般超过其自燃点，若漏出会立即引起火灾；

（2）炉管内壁结焦会使流体阻力增加，影响传热，当焦层达到一定厚度时，因炉管壁温度过高，而不能继续运行下去，必须进行清焦，否则会烧穿炉管，裂解气外泄，引起裂解炉爆炸；

（3）如果由于断电或引风机机械故障而使引风机突然停转，则炉膛内很快变成正压，会从窥视孔或烧嘴等处向外喷火，严重时会引起炉膛爆炸；

（4）如果燃料系统大幅度波动，燃料气压力过低，则可能造成裂解炉烧嘴回火，使烧嘴烧坏，甚至会引起爆炸；

（5）有些裂解工艺产生的单体会自聚或爆炸，需要向生产的单体中加阻聚剂或稀释剂等

<table>
<tr><td colspan="4" align="center">典型工艺</td></tr>
</table>

热裂解制烯烃工艺；
重油催化裂化制汽油、柴油、丙烯、丁烯；
乙苯裂解制苯乙烯；
二氟一氯甲烷（HCFC-22）热裂解制得四氟乙烯（TFE）；
二氟一氯乙烷（HCFC-142b）热裂解制得偏氟乙烯（VDF）；
四氟乙烯和八氟环丁烷热裂解制得六氟丙烯（HFP）等

小结： 石油炼制延迟焦化工艺不属于重点监管工艺中的裂解工艺。

问 **13** 亚克力（有机玻璃）裂解制甲基丙烯酸甲酯是否属于受重点监管的危险工艺？

答： 目前该问题存在争议。

部分专家从"裂解"二字的含义理解，认为该工艺属于重点监管的危险化工工艺。同时也有专家从化学反应和风险的角度理解，认为不属于。

根据《国家安全监管总局关于公布首批重点监管的危险化工工艺目录

的通知》（安监总管三〔2009〕116号）附件二首批重点监管的危险化工工艺安全控制要求、重点监控参数及推荐的控制方案：裂解是指石油系的烃类原料在高温条件下，发生碳链断裂或脱氢反应，生成烯烃及其他产物的过程。产品以乙烯、丙烯为主，同时副产丁烯、丁二烯等烯烃和裂解汽油、柴油、燃料油等产品。

亚克力（Acylic音译）泛指丙烯酸（酯）聚合物的制品，有机玻璃主要是甲基丙烯酸甲酯的高分子化合物。有机玻璃裂解回到甲基丙烯酸甲酯单体（主要产物），与重点监管的危险工艺（裂解工艺）的主要区别为：

（1）裂解温度（解聚釜240～340℃），远低于重点监管裂解工艺的温度（裂解炉800℃以上）。

（2）冷却温度为常温：物料气体从解聚炉顶部进入解聚釜上方的冷凝器（循环冷却水温度为30℃左右），冷凝成黄色液体（粗单体，温度为40～45℃）。而重点监管的裂解工艺产生的裂解气需要经深冷分离，超低温 −170～−30℃的制冷过程。

（3）产物单一，主要是甲基丙烯酸甲酯，常温下为液体（沸点100℃，闪点8℃），没有石油化工裂解工艺中的大量易燃气体（各种烷烃、烯烃、氢气等）。

> ‹ **参考**　《国家安全监管总局关于公布首批重点监管的危险化工工艺目录的通知》（安监总管三〔2009〕116号），裂解（裂化）工艺。

小结1： 亚克力（有机玻璃）裂解制甲基丙烯酸甲酯，工艺过程和所涉及化学物品的危险性都比重点监管的危险工艺（裂解工艺）低得多，不属于相同工艺。

小结2： 亚克力（有机玻璃）裂解制甲基丙烯酸甲酯，涉及易燃液体和高温反应等危险因素，采取防火防爆等相应的安全措施。

问 14 "重点监管危险工艺宜采用安全措施"中的"宜"如何理解？

答： 宜采用的安全措施，是指除了没有设置条件之外，就需要采用的安全措施。如涉及重点监管危险工艺生产装置的管线和设备上是否设置安全阀和爆破片，不能一概而论，需要根据设计规范要求，结合设备的最高操作压力来确定是否设置安全阀或爆破片。

问 15 氯化氢直接合成工艺是不是重点监管的氯化工艺？

答： 目前该问题存在争议，存在不同观点。

　　2009 年，国家安监总局发布了《首批重点监管的危险化工工艺目录》。随着对"两重点一重大"监管的加强，关于哪些化工工艺应被重点监管的讨论增多。由于化工工艺众多，且目前的判断主要基于风险评估，加之对危险化工工艺的定义和范围量化不足，导致一些建设时未按危险化工工艺考虑的工艺装置在安全检查中被认定为重点监管工艺，引发争议。特别是氯碱生产中的氯化氢合成及盐酸工艺是否属于氯化工艺，成为讨论的热点。

　　第一种观点：属于重点监管的氯化工艺。

　　根据《首批重点监管的危险化工工艺目录》中氯化工艺的定义，氯气和氢气直接合成氯化氢工艺不属于该氯化工艺。但依据《通知》所列举的典型氯化工艺，则在"取代氯化""加成氯化""氧氯化"之外增加了第 4 类"其他工艺"，如硫与氯反应生成一氯化硫、黄磷与氯气反应生产三氯化磷（五氯化磷）等，氯气和氢气直接合成氯化氢工艺与该第 4 类"其他工艺"具有相似特征。其次，氯气、氢气都属于重点监管的危险化学品，反应原料、反应产物以及反应特性均符合氯化工艺 6 类工艺危险特点，将该工艺列入重点监管符合《国务院安委会办公室关于进一步加强危险化学品安全生产工作的指导意见》（安委办〔2008〕26号）文件精神。

基于风险角度判断氯化氢直接合成工艺属于重点监管的氯化工艺。

第二种观点：不属于重点监管的氯化工艺。

理由1：从《首批重点监管的危险化工工艺目录》中"氯化工艺"定义判断，氯化是化合物的分子中引入氯原子的反应，包含氯化反应的工艺过程为氯化工艺，主要包括取代氯化、加成氯化、氧氯化等。氯化氢直接合成工艺是氯气、氢气单质间反应，不是向化合物分子中引入氯原子的反应。

理由2：根据《首批重点监管的危险化工工艺目录》中所列的典型工艺进行判断。可以明确的是，目录中列举的典型工艺未包括氯化氢合成工艺。类似于氢气在氧气中燃烧生成水的过程，氯化氢合成工艺中氯气仅作为助燃剂使用；此外，关于山东地区一些自动化改造的要求，虽然提到了危险工艺，但并未明确指出这些是否属于典型工艺。

理由3：从氯碱行业特征和反应风险判断。盐酸在氯碱企业中是副产物，氯化氢合成的过程是简单的无机化合反应过程，虽然在合成炉内燃烧进行，温度较高，但反应压力较低，如三合一石墨合成炉，氢气压力一般在0.03～0.08MPa，氯气压力一般在0.04～0.08MPa，合成炉出口尾气负压一般在1.3～2.0kPa（以上数据各有不同），相比氯化反应（各种氯化反应压力）釜内压力较低，风险相对较低。建议将氯化氢合成认定为非重点监管的危险化工工艺氯化工艺较为合理，符合氯碱工业或乙炔法生产聚氯乙烯工艺的历史发展。

第三种中立观点，从反应机理和风险角度看问题。

（1）氯化工艺和氯化氢合成及盐酸的反应机理的对比

1.氯化工艺的反应机理

根据《重点监管的危险化工工艺目录》氯化工艺的定义，氯化工艺是化合物的分子中引入氯原子的反应，包含氯化反应的工艺过程为氯化工艺，主要包括取代氯化、加成氯化、氧氯化等。

①取代氯化中主要是氯和烷烃、苯、甲苯、萘等物料反应，由氯原子作为一个基团取代了烷烃、芳烃等氢原子从而衍生了新的物质，芳烃取代氯化是亲电取代氯化，氯在三氯化铝、三氯化铁、硫酸、碘或硫酰氯作用下，转化为氯离子或极化氯分子，进攻芳环生成6-配合物，进而脱去质子生成氯代芳烃。

②加成氯化主要是氯和烯烃、炔烃等不稳定的烃类生成较为稳定的卤代烃类，且将烯烃中的活性基团（C=C）、炔烃中的活性基团（C≡C）分别加成为 C—Cl 和 C=C—Cl，活性基团的能量相较于烯烃和炔烃较为稳定。

不管是氯的取代还是氯的加成反应过程抑或氧氯化的过程，均是氯化过程中不仅原料与氯化剂发生反应，其所生成的氯化衍生物也与氯化剂发生反应。因此，在反应产物中除一氯取代物外，总是含有二氯及三氯取代物。所以，氯化反应的产物是各种不同浓度的氯化产物的混合物。氯化过程往往伴有氯化氢气体的形成。

2. 氯化氢合成及盐酸的反应机理

氢气在氯气中均衡地燃烧合成氯化氢的过程，本质上是一个"链锁反应"过程。

① 链的开始。所谓燃烧就是以在新物质产生的同时伴随有发光发热现象为特征的化学变化过程。点燃的氢气在合成炉内燃烧发光发热，为链式反应的进行提供了光量子。首先是氯分子吸收了氢气燃烧时放出的光量子，其原子键断裂而离解为两个化学活性远远超过氯分子的活性氯原子，成为链式反应的开始。

$$Cl_2 \longrightarrow 2Cl \cdot$$

② 链的传递。离解了的活性氯原子分别和氢分子作用，生成一个氯化氢分子和激发出一个活性氢原子。

$$Cl \cdot + H_2 = HCl + H \cdot$$

活性氢原子的活性也远远超过氢分子，当它和氯分子相遇时也立即生成一个氯化氢分子和活性氯原子，反应链式地延续下去：

$$H \cdot + Cl = HCl + Cl \cdot$$

$$Cl \cdot + H_2 = HCl + H \cdot \cdots$$

③ 链的终止。若链式反应过程中的活性原子，亦即链的传递物被消除，则此反应的链即被终止。随着链式反应的延续进行，系统内活性原子不断增多，反应到急剧、无法控制的程度而发生爆炸。但实际上，在氯化氢的合成过程中，活性原子不断产生的同时，也在不断猝灭。当活性原子产生的概率等于猝灭的概率时，系统内活性原子的数目保持相对稳定，因此链式反应可以平稳安全地进行，总反应是：

$$H_2 + Cl_2 = 2HCl \quad （放热 184.096kJ/mol）$$

（2）反应设备及风险程度不同

氯化反应的主要设备是氯化反应釜（不唯一），如乙炔和氯化氢的反应是在反应釜中进行，乙炔和氯化氢进入反应釜后在加入催化剂（新的技术已研发出不含汞催化剂）和热水加热（反应初期）的条件下进行反应，随着反应的进行，反应釜内物料生成氯乙烯，并放出大量的热。该反应过程的特点在反应釜、催化剂、无光或火焰现象、加热（初期）；氯化反应过程除了介质的毒性、易燃、易爆等特性外，该反应过程中除了主反应外，还有副反应，且大多数反应产物和氯化剂发生二次反应。

氯化氢合成是在合成炉中进行，将氢气点燃后氯气在氢气中"燃烧"，该反应过程特点合成炉、无催化剂、不需要加热、有火焰；该反应过程只有氢气和氯气的化合，无副反应过程。

> ◁ **参考1** 《国家安全监管总局关于公布首批重点监管的危险化工工艺目录的通知》（安监总管三〔2009〕116号），氯化是化合物的分子中引入氯

原子的反应，包含氯化反应的工艺过程为氯化工艺，主要包括取代氯化、加成氯化、氧氯化等。

> **参考2** 《国家安全监管总局关于公布首批重点监管的危险化工工艺目录的通知》（安监总管三〔2009〕116号），氯化工艺危险特点包括：①氯化反应是一个放热过程，尤其在较高温度下进行氯化，反应更为剧烈，速度快，放热量较大；②所用的原料大多具有燃爆危险性；③常用的氯化剂氯气本身为剧毒化学品，氧化性强，储存压力较高，多数氯化工艺采用液氯生产是先气化再氯化，一旦泄漏危险性较大；④氯气中的杂质，如水、氢气、氧气、三氯化氮等，在使用中易发生危险，特别是三氯化氮积累后，容易引发爆炸危险；⑤生成的氯化氢气体遇水后腐蚀性强；⑥氯化反应尾气可能形成爆炸性混合物。

小结： 氯化反应和氯化氢合成过程存在两个主要差异：首先，反应机理不同，氯化反应涉及有机化合物与氯的反应，可能伴随副反应和二次反应，而氯化氢合成是链式单体化合；其次，氯化反应的条件比氯化氢合成更为复杂，风险更高。氯化氢合成是一个简单的无机化合过程。

应根据氯化反应原理和工艺特点的风险程度确定其是否为危险工艺。

问 16 空气吹出法溴素工艺是重点监管的危险化工工艺吗？

答： 不是。

重点监管的氯化工艺指化合物的分子中引入氯原子的反应，包含氯化反应的工艺过程为氯化工艺，主要包括取代氯化、加成氯化、氧氯化等。空气吹出法溴素工艺原理是用氯气作氧化剂将溴离子氧化为游离溴然后用水蒸气蒸馏和空气吹出方式进行提制，属于置换反应，不符合重点监管的危险化工工艺（氯化工艺）定义。

> ‹ **参考** 《国家安全监管总局关于公布首批重点监管的危险化工工艺目录
> 的通知》（安监总管三〔2009〕116 号）

延伸阅读： 重点监管的危险化工工艺 - 氯化工艺危险特点如下：

（1）氯化反应是一个放热过程，尤其在较高温度下进行氯化，反应更为剧烈，速度快，放热量较大。

（2）所用的原料大多具有燃爆危险性。

（3）常用的氯化剂氯气本身为剧毒化学品，氧化性强，储存压力较高，多数氯化工艺采用液氯生产是先气化再氯化，一旦泄漏危险性较大。

（4）氯气中的杂质，如水、氢气、氧气、三氯化氮等，在使用中易发生危险，特别是三氯化氮积累后，容易引发爆炸危险。

（5）生成的氯化氢气体遇水后腐蚀性强。

（6）氯化反应尾气可能形成爆炸性混合物。

小结： 空气吹出法溴素工艺原理是用氯气作氧化剂将溴离子氧化为游离溴然后用水蒸气蒸馏和空气吹出方式进行提制，属于置换反应，不符合重点监管的危险化工工艺（氯化工艺）定义。

问 **17** 蒽醌法生产过氧化氢中涉及重点监管的危险化工工艺有哪些？

答： 蒽醌法生产过氧化氢的氢化工序中涉及重点监管的是"加氢工艺"，氧化工序中涉及重点监管的是"过氧化工艺"。

蒽醌法生产过氧化氢工艺是在重芳烃及磷酸三辛酯等溶剂中按比例添加 2- 乙基蒽醌，配制成基础工作液，将工作液与氢气一起通入装有催化剂的氢化塔内，在合理的温度和压力调控下生成氢蒽醌。再将含有氢蒽醌的氢化液通入氧化塔中，被空气中的氧气氧化，将其中的氢蒽醌还原成蒽醌，并生成过氧化氢的工艺。辨识如下：

表1 加氢单元反应与加氢工艺危险特点对比情况一览表

序号	重点监管的加氢工艺	加氢单元反应实际情况	分析情况
反应类型			
1	反应类型：放热反应	蒽醌法生产双氧水氢化工序为放热反应	符合
工艺简介			
2	工艺简介：加氢是在有机化合物分子中加入氢原子的反应，涉及加氢反应的工艺过程为加氢工艺，主要包括不饱和键加氢、芳环化合物加氢、含氮化合物加氢、含氧化合物加氢、氢解等	蒽醌法生产双氧水氢化工序是在一定的温度、压力和催化剂存在的条件下，工作液中的蒽醌与氢气加氢生产氢蒽醌溶液（氢化液）	符合
工艺危险特点			
3	反应物料具有燃爆危险性，氢气的爆炸极限为4%～75%，具有高燃爆危险特性	蒽醌法生产双氧水氢化工序反应物料氢气具有燃爆危险性	符合
4	加氢为强烈的放热反应，氢气在高温高压下与钢材接触，钢材内的碳分子易与氢气发生反应生成碳氢化合物，使钢制设备强度降低，发生氢脆	蒽醌法生产双氧水氢化工序反应为剧烈放热反应，氢气在高温高压下可使钢制设备强度降低，发生氢脆	符合
5	催化剂再生和活化过程中易引发爆炸	蒽醌法生产双氧水氢化工序工作液再生和活化过程中易引发爆炸	符合
6	加氢反应尾气中有未完全反应的氢气和其他杂质在排放时易引发着火或爆炸	加氢反应尾气中有未完全反应的氢气和其他杂质在排放时易引发着火或爆炸	符合
典型工艺			
7	（2）芳烃加氢 苯加氢生成环己烷； 苯酚加氢生产环己醇等	蒽醌法生产双氧水氢化工序蒽醌加氢属于芳烃加氢	符合

表2 氧化单元反应与过氧化工艺危险特点对比情况一览表

序号	重点监管的氧化工艺	氧化单元反应实际情况	分析情况
反应类型			
1	吸热反应或放热反应	本工艺为放热反应	符合
工艺简介			
2	向有机化合物分子中引入过氧基（—O—O—）的反应称为过氧化反应，得到的产物为过氧化物的工艺过程为过氧化工艺	蒽醌法生产双氧水氧化工序采用氢蒽醌溶液与空气中的氧气接触，氢蒽醌氧化成蒽醌，氧被还原为过氧化氢分散在工作液中	符合

续表

序号	重点监管的氧化工艺	氧化单元反应实际情况	分析情况
工艺危险特点			
3	过氧化物都含有过氧基（—O—O—），属含能物质，由于过氧键结合力弱，断裂时所需的能量不大，对热、振动、冲击或摩擦等都极为敏感，极易分解甚至爆炸	该工艺产生的过氧化氢含有过氧基（—O—O—），极易分解甚至爆炸	符合
4	过氧化物与有机物、纤维接触时易发生氧化、产生火灾	该工艺中过氧化物与有机物、纤维接触时易发生氧化、产生火灾	符合
5	反应气相组成容易达到爆炸极限，具有燃爆危险	反应物气相中含有有机物，且生成的过氧化氢易分解，具有爆炸危险	符合
典型工艺			
6	（2）双氧水的生产	属于典型工艺"双氧水生产"	符合

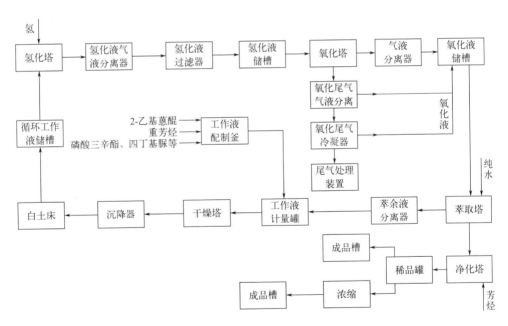

图1 蒽醌法生产过氧化氢工艺流程

‹ **参考**《国家安全监管总局关于公布首批重点监管的危险化工工艺目录的通知》（安监总管三〔2009〕116号）

小结： 蒽醌法过氧化氢涉及重点监管的加氢工艺和氧化工艺。

问 18 对危险化学品生产项目自动化控制安全设计的基本要求有哪些?

答：（1）涉及"两重点一重大"的生产装置和储存设施应设置紧急切断装置和自动化控制系统；构成一级或者二级重大危险源的化工生产装置，应装备紧急停车系统；构成一级或者二级重大危险源的储存设施，实现紧急切断功能。有毒物料储罐、低温储罐及压力球罐进出物料管道应设置紧急切断装置。

（2）涉及硝化、氯化、氟化、重氮化、过氧化等高危工艺装置的上下游配套装置应实现原料处理、反应工序、精馏精制和产品储存（包装）等全流程自动化。

（3）对存在易燃、易爆、易爆聚或分解物料的精馏（蒸馏）系统应采取自动化控制，对进料量、热媒流量、塔釜液位、回流量、塔釜温度等主要工艺参数进行自动检测、远传、报警，具备自动控制功能。

（4）间歇、半间歇式精细化工建设项目的物料处理（包括原料、介质、催化剂等），尤其是固体物料的投加、采样分析、产品后处理和包装等环节，国内外有自动化应用案例的应进行自动化设计，尽量减少人工操作。

参考 《危险化学品生产建设项目安全风险防控指南（试行）》（应急〔2022〕52号）第7.3.5条。

小结： 危险化学品生产项目自动化控制安全设计应基于风险和法规要求考虑自动化控制／全流程自动化控制、紧急切断、紧急停车、安全联锁、检测报警等控制方案和安全管控措施。

问 19 哪些化工装置需要设置独立的安全仪表系统？

答：（1）涉及毒性气体、剧毒液体、液化气体的一级或者二级重大危险源，应设置独立的安全仪表系统。

（2）涉及"两重点一重大"在役生产装置或设施的化工企业和危险化学品储存单位，要在全面开展过程危险分析（如危险与可操作性分析）基础上，通过风险分析确定安全仪表功能及其风险降低要求，并评估现有安全仪表功能是否满足风险降低要求。企业应在评估基础上，制定安全仪表系统管理方案和定期检验测试计划。对于不满足要求的安全仪表功能，要制定相关维护方案和整改计划。

（3）安全仪表系统设计可执行《石油化工安全仪表系统设计规范》GB/T 50770—2013、《化工安全仪表系统工程设计规范》HG/T 22820—2024、《电气／电子／可编程电子安全相关系统的功能安全》GB/T 20438/IEC 61508、《过程工业领域安全仪表系统的功能安全》GB/T 21109/IEC 61511 等相关标准。

> **参考1** 《国家安全监管总局关于加强化工安全仪表系统管理的指导意见》（安监总管三〔2014〕116 号）

> **参考2** 《危险化学品重大危险源监督管理暂行规定》（国家安全监管总局令第 40 号，第 79 号修订）

> **参考3** 《危险化学品生产建设项目安全风险防控指南（试行）》（应急〔2022〕52 号）

小结：应根据法规标准要求，结合过程危险分析、功能安全评估确定必要的安全仪表功能和安全完整性等级，据此配备独立的安全仪表系统。

问 20 大型储罐紧急切断阀是否要求设置手动执行机构？

答：大型储罐紧急切断阀应具备通过阀门本体手动关闭切断阀的功能。

> ‹ **参考1** 《油气储存企业紧急切断系统基本要求（试行）》（应急危化二〔2022〕1号）

> ‹ **参考2** 《立式圆筒形钢制焊接储罐安全技术规范》（AQ 3053—2015）

问 **21** BPCS的工艺参数高高报低低报是否与SIS联锁值一致？

答： BPCS报警值应综合过程安全时间（PST）确定，如工艺参数报警后，操作人员有效处理完的时间小于PST；若设置为两级报警，原则上高报或低报用于关键报警和人员干预，高高报或低低报可与联锁值一致，高高报不应高于高高联锁值，低低报不应低于低低联锁值。

> ‹ **参考1** 《保护层分析（LOPA）应用指南》（GB/T 32857—2016）

附录中A.4典型保护层中，基本过程控制系统（BPCS）优先于安全仪表系统（SIS）。在基本过程控制系统（BPCS）能够实现风险保护的，不应在安全仪表系统（SIS）中去实现。

> ‹ **参考2** 《电气/电子/可编程电子安全相关系统的功能安全　第4部分：定义和缩略语》（GB/T 20438.4—2017）

3.6.20　过程安全时间

从EUC或EUC控制系统中引发潜在危险事件的失效发生，到为阻止在EUC中危险事件发生而必须采取的动作完成之间的时间间隔。

小结： DCS控制参数设定的高高报、低低报可与联锁值一致，高高报不应高于高高联锁值，低低报不应低于低低联锁值。

问 **22** 过程工业报警优先级如何划分？

答： 根据《过程工业报警系统管理》GB/T 41261—2022，过程工业报警优先级可按比例分布，设置为三个优先级（～80% 低，～15% 中，～5% 高）或四个优先级（～80% 低，～15% 中，～5% 高，～1% 最高）。

> **参考1** 《过程工业报警系统管理》（GB/T 41261—2022），16.5.9。

> **参考2** 《化工企业工艺报警管理实施指南》（T/CCSAS 012—2022）

附录 A.4：确定报警的后果严重性和允许响应时间后，按照表 A.1 的报警优先级矩阵表确定报警的优先级别。企业宜将报警分为一级报警（紧急报警）、二级报警（重要报警）、三级报警（一般报警）：

a）一级报警（紧急报警）为严重事件报警，影响企业安全运行，响应时间短，需要员工立即采取应急处理措施，否则可能造成严重后果。一级报警（紧急报警）设定数量不宜超过报警总数的 5%；

b）二级报警（重要报警）为重要事件报警，生产运行参数或状态发生重要变化，需要员工采取适应的措施或重点关注。重要报警设定数量不宜超过报警总数的 15%；

c）三级报警（一般报警）为除一级报警（紧急报警）、二级报警（重要报警）以外的报警。如果报警长期未正确处理可能对企业正常运行造成影响。

小结：可参考《过程工业报警系统管理》GB/T 41261—2022 和《化工企业工艺报警管理实施指南》T/CCSAS 012—2022 有关规定将报警优先级按比例分配为三个优先级（～80% 低，～15% 中，～5% 高）或四个优先级（～80% 低，～15% 中，～5% 高，～1% 最高）。

问 23 半间歇釜式硝化工艺安全可靠性怎么样？

答：半间歇釜式硝化工艺安全可靠性差，已纳入淘汰落后危险化学品安全生产工艺技术设备目录。半间歇釜式硝化生产工艺机械化自动化程度低，反应釜内危险物料数量多，一旦反应失控发生火灾爆炸事故，易造成重大人员伤亡。

代替的技术为：微通道反应器、管式反应器或连续釜式硝化生产工艺。

◀ **参考** 《淘汰落后危险化学品安全生产工艺技术设备目录（第二批）》（应急厅〔2024〕86号）

小结： 半间歇釜式硝化工艺为淘汰落后工艺，建议替代的技术为微通道反应器、管式反应器或连续釜式硝化生产工艺。

问 24 酸碱交替固定床过氧化氢生产工艺安全可靠性怎么样？

答： 酸碱交替的固定床过氧化氢生产工艺安全可靠性差，已纳入淘汰落后危险化学品安全生产工艺技术设备目录。该工艺过氧化氢溶液或含有过氧化氢的工作液误入碱性环境中，或者碱性物料窜入含有过氧化氢的环境中，均会导致过氧化氢急剧分解甚至爆炸，安全风险高。

代替的技术为：流化床、全酸性固定床或其他先进的过氧化氢生产工艺，新（扩）建项目应采用流化床工艺，现有工艺的替代技术应优先采用流化床工艺。

◀ **参考** 《淘汰落后危险化学品安全生产工艺技术设备目录（第二批）》（应急厅〔2024〕86号）

小结： 酸碱交替固定床过氧化氢生产工艺是淘汰落后工艺。替代方案为流化床、全酸性固定床或其他先进的过氧化氢生产工艺

问 25 如何管控化工装置开车风险？

答： 化工装置开车应从开车前安全审查（PSSR）和投料试车两个方面管

控风险，包括制定开车方案、整改落实项目"三查四定"发现问题、开车前安全条件确认、开车物料进入确认、气密性试验、管控现场人数、设置现场应急物资设施等风险管控措施，并做好相关记录。

> **参考1** 《化工过程安全管理导则》（AQ/T 3034—2022）

该标准"4.8 装置首次开车"提出了相关管理措施。

> **参考2** 《国家安全监管总局关于加强化工过程安全管理的指导意见》（安监总管三〔2013〕88 号）

该文件"十、开停车安全管理"提出了相关管理要求。

企业要制定开停车安全条件检查确认制度。在正常开停车、紧急停车后的开车前，都要进行安全条件检查确认。开停车前，企业要进行风险辨识分析，制定开停车方案，编制安全措施和开停车步骤确认表，经生产和安全管理部门审查同意后，要严格执行并将相关资料存档备查。

企业要落实开停车安全管理责任，严格执行开停车方案，建立重要作业责任人签字确认制度。开车过程中装置依次进行吹扫、清洗、气密试验时，要制定有效的安全措施；引进蒸汽、氮气、易燃易爆介质前，要指定有经验的专业人员进行流程确认；引进物料时，要随时监测物料流量、温度、压力、液位等参数变化情况，确认流程是否正确。要严格控制进退料顺序和速率，现场安排专人不间断巡检，监控有无泄漏等异常现象。

> **参考3** 《石油和化工企业开车前安全审查导则》（T/CPCIF 0239—2023）

6.6.2 审查的重点内容

新装置、因实施变更管理而改动的装置以及长时间停用（备用）的装置等，不同类型和对象的审查，所涉及的特定项目可能会不同，但是安全启动必须满足的工作包括但不限于下列各项：

a) 新的或变更后的装置布置及其设备符合设计规范；

b）工艺控制、紧急停车和安全系统等测试完毕；

c）采用适当方式使开车设备与其他尚未准备开车的设备有效隔离；

d）设备试压、清洁或冲洗完毕，且清洁剂全部清除；

e）设备管线连接牢固，并移交生产部门接管进行开车；

f）安全、操作、维护和应急程序已颁布且完整；

g）紧急响应设备（消防、喷淋、可燃有毒气体监测、联锁等）安设到位，且培训完成；

h）参与操作或维护的员工接受过相关培训；

i）新装置启动前，应对装置进行过程危险分析，并保证相关建议得到执行、相关问题得到落实，发生变更的工艺装置必须符合变更管理（MOC）文件中的各项要求且经相关部门验证；

j）因管理等原因停用的工艺装置必须依据风险识别情况制定审查过程，最后方可对不同类型和对象的装置开展各自特定项目的开车准备性审查工作。

小结： 从制定开车方案、"三查四定"、开车前安全条件确认、开车物料进入确认、气密性试验、管控现场人数、设置现场应急物资设施等方面管控风险。

问 26 装置开车可执行哪些法规标准？

答： 安全生产领域，装置开车应执行政府制定的有关法规和国家标准、安全行业标准等规定，具备必要的安全开车条件。装置开车应执行的法规和标准包括但不限于：

（1）法规文件：《中华人民共和国安全生产法》《危险化学品安全管理条例》《危险化学品建设项目安全监督管理办法》《国家安全监管总局 工业

和信息化部关于危险化学品企业贯彻落实〈国务院关于进一步加强企业安全生产工作的通知〉的实施意见》《国家安全监管总局关于加强化工过程安全管理的指导意见》《危险化学品企业安全风险隐患排查治理导则》《危险化学品生产建设项目安全风险防控指南（试行）》等。

（2）标准规范:《化工过程安全管理导则》（AQ/T 3034—2022）、《化学工业建设项目试车规范》（HG 20231—2014）、《流程工业中电气、仪表和控制系统的试车各特定的阶段和里程碑》（GB/T 22135—2019）、《石油和化工企业开车前安全审查导则》（T/CPCIF 0239—2023）等。

问 27　操作规程中的开停车和开停车方案有何异同?

答：操作规程中的开停车侧重于开停车的操作步骤、工艺指标的控制。开停车方案侧重于对各类开停车进行危害辨识和风险评估、安全条件检查确认（首次开车检查，参考 AQ/T 3034 表 A.11；其他开停车根据实际情况进行）、确保安全措施有效落实。停车后重新开车风险的评估，包括变更的培训、检修设备的试车、关键步骤的确认、开车现场人数要求、应急处置的授权机制等，针对性比较强。

◁ **参考 1**　《国家安全监管总局关于加强化工过程安全管理的指导意见》（安监总管三〔2013〕88 号）/四、装置运行安全管理。

（八）操作规程管理。企业要制定操作规程管理制度，规范操作规程内容，明确操作规程编写、审查、批准、分发、使用、控制、修改及废止的程序和职责。操作规程的内容应至少包括：开车、正常操作、临时操作、应急操作、正常停车和紧急停车的操作步骤与安全要求；工艺参数的正常控制范围，偏离正常工况的后果，防止和纠正偏离正常工况的方法及步骤；操作过程的人身安全保障、职业健康注意事项等。

（十）开停车安全管理。企业要制定开停车安全条件检查确认制度。在正常开停车、紧急停车后的开车前，都要进行安全条件检查确认。开停车前，企业要进行风险辨识分析，制定开停车方案，编制安全措施和开停车步骤确认表，经生产和安全管理部门审查同意后，要严格执行并将相关资料存档备查。

◁ 参考2 《化工过程安全管理导则》（AQ/T 3034—2022）

4.9.1.3 操作规程内容应至少包括：开车、正常操作、临时操作、异常处置、正常停车和紧急停车的操作步骤与安全要求；工艺参数的正常控制范围及报警、联锁值设置，偏离正常工况的后果及预防措施和步骤；操作过程的人身安全保障、职业健康注意事项等。企业应根据操作规程中确定的重要控制指标编制工艺卡片。

4.9.3.3 企业应组织专业技术人员在危害辨识和风险评估基础上制定开停车方案，经审批后实施。对临时、紧急停车后恢复开车时的潜在风险应重点分析。

4.9.3.4 企业应根据不同类型的开停车方案编制相应的安全条件确认表，并组织专业技术人员按照安全条件确认表逐项确认，确保安全措施有效落实。

小结： 操作规程中的开停车侧重于开停车的操作步骤、工艺指标的控制。开停车方案侧重于对各类开停车进行危害辨识和风险评估、安全条件检查确认。

问 **28** 工艺指标、操作规程、工艺卡片之间有什么关系？

答： 操作规程和工艺卡片均为指导性技术文件，工艺指标是操作规程的组成部分，工艺卡片列出重要工艺指标，便于随时查用或随身携带。

> **参考**　《化工过程安全管理导则》（AQ/T 3034—2022）

4.9.1.3　操作规程内容应至少包括：开车、正常操作、临时操作、异常处置、正常停车和紧急停车的操作步骤与安全要求，工艺参数的正常控制范围及报警、联锁值设置，偏离正常工况的后果及预防措施和步骤；操作过程的人身安全保障、职业健康注意事项等。企业应根据操作规程中确定的重要控制指标编制工艺卡片。

小结： 操作规程和工艺卡片均为指导性技术文件，工艺指标是操作规程的组成部分，工艺卡片列出重要工艺指标。

问 29　什么法规标准文件要求设置工艺卡片？

答： 目前有《国家安全监管总局关于加强化工过程安全管理的指导意见》《危险化学品企业安全风险隐患排查治理导则》《化工过程安全管理导则》AQ/T 3034 等法规及标准文件均有要求设置工艺卡片。

> **参考1**　《国家安全监管总局关于加强化工过程安全管理的指导意见》

（安监总管三〔2013〕88 号）

二（3）　企业要综合分析收集到的各类信息，明确提出生产过程安全要求和注意事项。通过建立安全管理制度、制定操作规程、制定应急救援预案、制作工艺卡片、编制培训手册和技术手册、编制化学品间的安全相容矩阵表等措施，将各项安全要求和注意事项纳入自身的安全管理中。

> **参考2**　《危险化学品企业安全风险隐患排查治理导则》（应急〔2019〕78 号）

4.8.1（1）　操作规程与工艺卡片管理制度制定及执行情况，主要包括：操作规程与工艺卡片的编制及管理。

小结：《国家安全监管总局关于加强化工过程安全管理的指导意见》《危险

化学品企业安全风险隐患排查治理导则》《化工过程安全管理导则》等均要求设工艺卡片。

问 30 医药化工危险化学品操作规程可参考的技术标准有哪些？

答： 医药化工企业使用危险化学品作为提纯剂或萃取剂的操作规程，建议按照《化工过程安全管理导则》（AQ/T 3034—2022）和《国家安全监管总局关于加强化工过程安全管理的指导意见》（安监总管三〔2013〕88号）中关于操作规程编制的有关规定执行。企业根据生产工艺特点、基于风险分析、辨识危险化学品、生产过程风险、设备设施风险、操作要求、职业危害、异常工况等内容，编制适合企业自己的操作规程。

参考1 《化工过程安全管理导则》（AQ/T 3034—2022）

4.9.1.3 操作规程内容应至少包括：开车、正常操作、临时操作、异常处置、正常停车和紧急停车的操作步骤与安全要求；工艺参数的正常控制范围及报警、联锁值设置，偏离正常工况的后果及预防措施和步骤；操作过程的人身安全保障、职业健康注意事项等。企业应根据操作规程中确定的重要控制指标编制工艺卡片。

4.9.1.4 企业应每年对操作规程的适应性和有效性进行确认，至少每三年对操作规程进行一次审核修订。企业发生生产安全事故事件或行业内同类工艺装置发生事故时，应及时对操作规程进行审查；工艺技术、设备设施等发生变更或风险分析提出修订要求时，应及时组织对操作规程中的相应内容进行修订。

4.9.1.5 企业应确保每个操作岗位存放有效的纸质版操作规程和工艺卡片，便于操作人员随时查用。

‹ 参考 2 《国家安全监管总局关于加强化工过程安全管理的指导意见》

（安监总管三〔2013〕88号）

（八）操作规程管理。企业要制定操作规程管理制度，规范操作规程内容，明确操作规程编写、审查、批准、分发、使用、控制、修改及废止的程序和职责。操作规程的内容应至少包括：开车、正常操作、临时操作、应急操作、正常停车和紧急停车的操作步骤与安全要求；工艺参数的正常控制范围，偏离正常工况的后果，防止和纠正偏离正常工况的方法及步骤；操作过程的人身安全保障、职业健康注意事项等。

操作规程应及时反映安全生产信息、安全要求和注意事项的变化。企业每年要对操作规程的适应性和有效性进行确认，至少每3年要对操作规程进行审核修订；当工艺技术、设备发生重大变更时，要及时审核修订操作规程。

企业要确保作业现场始终存有最新版本的操作规程文本，以方便现场操作人员随时查用；定期开展操作规程培训和考核，建立培训记录和考核成绩档案；鼓励从业人员分享安全操作经验，参与操作规程的编制、修订和审核。

延伸阅读：操作规程编制，还可参考团体标准和属地的地方标准：

《企业安全操作规程编制指南》（DB32/T 3616—2019，江苏省地标）

《化工企业安全生产操作规程编写规范》（DB64/T 1770—2021，宁夏回族自治区地标）

《危险化学品岗位安全生产操作规程编写导则》（DB37/T 2401—2022，山东省地标）

《化工企业操作规程管理规范》（T/CCSAS 026—2023，中化协团标）

小结：医药化工企业危险化学品操作规程可参照《化工过程安全管理导则》AQ/T 3034和《国家安全监管总局关于加强化工过程安全管理的指导意见》等技术标准和规范性文件有关规定编制。

问 31 硫酸罐首次进料开车前的安全审查应包含什么内容？

答： 根据《化工过程安全管理导则》（AQ/T 3034—2022），开车前安全审查包括以下内容：

（1）项目"三查四定"发现问题的整改落实情况；

（2）安装的设备、管道、仪表及其他辅助设备设施符合设计安装要求情况，特种设备和强检设备已按要求办理登记使用并在检验有效期内，安全设施经过检验、标定并达到使用条件；

（3）安全信息资料是否准确、齐全，风险管控措施落实情况；

（4）系统吹扫冲洗、气密试验、单机试车、联动试车完成情况；

（5）相关试车资料、试生产方案、操作规程、管理制度等准备情况；

（6）现场确认工艺、设备、电气、仪表、公用工程和应急准备等是否具备投料条件；

（7）发生的变更是否符合变更管理要求；

（8）员工培训考核情况；

（9）应急预案编制和演练完成情况；

（10）安全、环保、职业卫生措施落实情况等。

参考 《化工过程安全管理导则》（AQ/T 3034—2022），4.8.6.2。

问 32 涉及哪些化工过程的反应釜需要氮气或惰性气体置换？

答： 物料不允许接触空气的反应釜，应进行氮气置换，包括但不限于加氢工艺、合成氨工艺、煤制甲烷气和煤制甲醇工艺、格氏反应（金属镁）及金属钠、钾、锌的反应等涉及不允许接触空气的反应工艺等。

参考1 《国家安全监管总局关于公布首批重点监管的危险化工工艺目

录的通知》（安监总管三〔2009〕116号）和《国家安全监管总局关于公布第二批重点监管的危险化工工艺目录的通知》（安监总管三〔2013〕3号）

需用工业氮（纯度≥99.2%，含氧量≤0.8%）进行惰性置换反应类型举例：

（1）加氢工艺。

（2）合成氨工艺，需先充入氮气，才能进氢气。

（3）新型煤化工工艺中，需使用氢气的工艺，如煤制甲烷气和煤制甲醇（氢气与一氧化碳反应，分别生成甲烷和甲醇）。

（4）涉及其他可燃气体参与的反应。

‹ 参考2 18种重点监管危险化工工艺之外的反应

（1）与氢气等可燃气体的危险性无关，但所用的原料（包括催化剂）或所生成的中间体不能与空气接触的。

（2）反应过程中会产生副产物氢气的反应，除了氮气置换，反应全过程还需要通氮气排出氢气，避免氢气聚集。

（3）在生产过程中原料或产品与空气会影响产品质量的反应。

（4）需要隔绝空气和水分，用纯度更高的氮气或氩气进行惰性置换的反应，如格氏反应（金属镁）及金属钠、钾、锌的反应、使用氢化钠NaH的反应、使用锂Li、铝Al等有机金属试剂的反应。

延伸阅读：根据各种反应的不同要求，选用不同标准规格的氮气或氩气进行置换。氮气和氩气的相关标准如下：

（1）《工业氮》（GB/T 3864—2008）

表1：氮气纯度≥99.2%和含氧量≤0.8%。

（2）《纯氮、高纯氮和超纯氮》（GB/T 8979—2008）

表1：纯氮≥99.99%（氧含量≤50ppm，水含量≤15ppm，1ppm=10^{-6}）；高纯氮≥99.999%（氧含量≤3ppm，水含量≤3ppm）；超纯氮≥99.9999%（氧含量≤0.1ppm，水含量≤0.5ppm）。

(3)《氩》(GB/T 4842—2017)

表 1 规定：纯氩 ≥ 99.99%（氧含量 ≤ 10ppm，水分含量 ≤ 15ppm）；高纯氩 ≥ 99.999%（氧含量 ≤ 1.5ppm，水分含量 ≤ 3ppm）。

【特别说明】

(1) 一个化学反应是否需要惰性置换，是在研发实验阶段根据所涉及化学物质的稳定性、危险特性和产品质量要求来确定的。一般来说，为了排除空气和水分的危害或影响，大部分有机化学反应都会进行惰性置换。

(2) 惰性置换的具体操作和状态判定，可参考《惰化防爆指南》(GB/T 37241—2018) 第 5 章的惰化方法和第 6 章的惰化系统中的详细内容。

(3) 监测氧含量，不等于需要惰性置换。18 种重点监管危险化工工艺中，氧化工艺、过氧化工艺和胺基化工艺监控氧含量是为了确保有足够量的氧，而不是限制氧（空气），因此不需要惰性置换。新型煤化工工艺中不涉及氢气等可燃气体工艺也不需置换。

问 33　液氯气瓶可以直接气化吗？

答： 禁止 > 1000kg 的液氯容器直接气化工艺，不推荐液氯气瓶直接气化工艺。

> **参考**　《关于氯气安全设施和应急技术的指导意见》(中国氯碱工业协会〔2010〕协字第 070 号)

(1) 禁止液氯 > 1000kg 的容器直接液氯气化，禁止液氯贮槽、罐车或半挂车槽罐直接作为液氯气化器使用。

(2) 不推荐液氯气瓶直接气化工艺，如采用液氯气瓶直接气化，使用不当的负压瓶和连续过度使用的空瓶不得立即充装液氯，用户应作出标记，液氯充装单位应进行充装前检验或洗瓶。

小结： 禁止＞1000kg 的液氯容器直接气化工艺，不推荐液氯气瓶直接气化工艺。

问 34 液氯气化温度低于 71℃有何风险？

答： 液氯中含有微量三氯化氮，三氯化氮的沸点为 71℃。液氯气化过程中三氯化氮会残留积聚，气化温度越低、液氯不能全气化，则三氯化氮积聚越多，如不定期排污、不对排污定期检测分析控制排污物中三氯化氮含量，当三氯化氮积聚到一定程度后会产生自爆，有爆炸危险。使用氯气作为生产原料时，宜使用盘管式或套管式气化器的液氯全气化工艺，液氯气化温度不得低于 71℃。

> **参考1** 《液氯（氯气）生产企业安全风险隐患排查指南（试行）》（应急管理部危化监管一司，2023.4.14）

使用氯气作为生产原料时，宜使用盘管式或套管式气化器的液氯全气化工艺，液氯气化温度不得低于 71℃，热水控制温度 75～85℃；采用特种气化器（蒸汽加热），温度不得大于 121℃。

> **参考2** 《淘汰落后安全技术装备目录（2015 年第一批）》（安监总科技〔2015〕75 号）

三氯化氮容易积累，易有爆炸危险。

> **参考3** 《关于氯气安全设施和应急技术的指导意见》（中国氯碱工业协会〔2010〕协字第 070 号）

推荐使用盘管式或套管式气化器的液氯全气化工艺，液氯气化温度不得低于 71℃，建议热水控制温度 75～85℃。

小结： 液氯气化温度低于 71℃时，容易有杂质三氯化氮残留，当三氯化氮积聚到一定程度后会产生自爆，有爆炸危险。

问 35 进入精细化工装置的导热油管紧急切断阀位置设置有哪些要求?

答: 导热油管道进入精细化工生产设施处应设置紧急切断阀,根据阀门布置原则,阀门应布置在容易接近、便于操作和检修的地方。

参考1 《精细化工企业工程设计防火标准》(GB 51283—2020)

第5.4.3条:导热油管道进入生产设施处应设置紧急切断阀,导热油炉系统应安装安全泄放装置。

参考2 《管道仪表流程图设计规定》(HG 20559—1993)

附录"管道仪表流程图基本单元模式~热传导液加热系统设备基本单元模式"第4.0.2和4.0.3条规定,紧急切断阀可设置在用热设备导热油进口管道上。

小结: 导热油管道进入精细化工生产设施处应设置紧急切断阀。

问 36 石化企业可燃气体排出装置之前设置分液罐的目的是什么?

答: 液体排入全厂可燃性气体排放系统可能带来两相流动,将对系统造成破坏,并引发火炬火雨事故。采用在装置内先进行分液罐分液然后送出装置,考虑如下:

(1) 装置操作人员可直接掌握放空油气夹带液滴的情况,有利于操作;

(2) 便于分液罐内的轻质馏分回收处理;

(3) 有利于系统管网的安全运行。

参考1 《石油化工企业设计防火标准》(GB 50160—2008,2018年版)

5.5.4　可燃气体、可燃液体设备的安全阀出口连接应符合下列规定：4泄放可能携带液滴的可燃气体应经分液罐后接至火炬系统。

5.5.21　装置内高架火炬的设置应符合下列规定：

1　严禁排入火炬的可燃气体携带可燃液体。

‹ **参考2**　《石油化工可燃性气体排放系统设计规范》（SH 3009—2013）

7.2.1　可燃性气体排放管道的敷设应符合下列要求：

c）管道坡度不应小于2‰，管道应坡向分液罐、水封罐；管道沿线出现低点，应设置分液罐或集液罐；

8.1.1　除酸性气体排放系统外，可燃性气体排放总管进入火炬前应设置分液罐。

8.1.4　对于含有在环境温度下呈固态或不易流动液体组分的火炬排放气的分液罐应设置必要的加热设施。

小结： 石化企业可燃气体排出装置之前设置分液罐主要考虑：①装置操作人员可直接掌握放空油气夹带液滴的情况，有利于操作；②便于分液罐内的轻质馏分回收处理；③有利于系统管网的安全运行。

问 37　环氧乙烷罐区安全阀是否可以现场直接放空？

答： 不可以。

环氧乙烷在夏天等高温条件下容易自聚，控制温度是避免自聚的重要措施之一。高温条件下环氧乙烷分子之间的反应活性增加，容易发生自聚反应。

环氧乙烷罐区安全阀不可以现场直接放空，安全阀前应设爆破片，爆破片入口应设氮封，安全阀出口管道应充氮。

‹ **参考**　《石油化工企业设计防火标准》（GB 50160—2008，2018年版）

5.5.9 较高浓度环氧乙烷设备的安全阀前应设置爆破片，爆破片入口管道应设置氮封，且安全阀的出口管道应充氮。

条文说明：在紧急排放环氧乙烷的地方，为防止环氧乙烷聚合，安全阀前应设爆破片。爆破片入口管道设氮封，以防止其自聚堵塞管道；安全阀出口管道上设氮气，以稀释所排出环氧乙烷的浓度，使其低于爆炸极限。夏天气温高，建议进行有组织排放。

延伸阅读 1： 环氧乙烷是一种高度活泼的有机化合物，具有强烈的自聚倾向。在没有抑制剂的情况下，环氧乙烷会自发地进行聚合反应，形成低聚物或高聚物。这种自聚反应通常在高温或催化剂的作用下加速进行。

环氧乙烷在正常生产条件下也能发生聚合反应，只是程度不同而异，严重聚合，又称爆聚。不同条件，生成物也不同，如在 100～150℃时将蒸汽通过酸性硫酸钠、硫酸钡等，则生成二氧六环；在有催化剂如金属氯化物、碱等存在的情况下，容易聚合生成线型白色固体聚合物。

延伸阅读 2： 在工业应用中，环氧乙烷的自聚反应也被用于生产聚氧化乙烯（polyethylene oxide，PEO），这是一种具有广泛应用的高分子材料。工艺条件通常包括以下几个关键因素：

（1）自聚反应通常在较低的温度下进行，以控制反应速率和避免副反应，温度范围可能在 20～100℃之间，具体温度取决于所需的分子量和聚合度。

（2）反应通常在低压条件下进行，以便于控制反应速率和确保安全。

（3）虽然环氧乙烷可以在没有催化剂的情况下自聚，但使用催化剂可以提高反应速率和控制聚合物的分子量分布。常用的催化剂包括碱性催化剂如 NaOH 和 KOH。

（4）聚合过程中，可能需要添加抑制剂来控制反应速率，防止过快聚合。

延伸阅读 3： 防止环氧乙烷自聚的措施一般有如下几个方面：

（1）对温度、压力进行控制，避免自聚反应。

（2）抑制剂：添加特定的抑制剂可以改变环氧乙烷的分子结构，降低分子之间的亲和力，从而抑制自聚。

（3）混合稳定剂：通过混合多种物质来阻止环氧乙烷自聚，这些物质可以改变环氧乙烷分子的结构或者与环氧乙烷发生化学反应，降低自聚性。

（4）尽量避免长时间储存。环氧乙烷有黏附性，会堵塞阀门管道。

（5）不能用铜、银或合金材料储存，可以加速自聚。环氧乙烷具有强烈催化作用，与无水的铁、锡、铝的氯化物，铝的氧化物以及碱金属氢氧化物等接触，会发生猛烈聚合，可以加速自聚。

小结： 环氧乙烷罐区安全阀不可以现场直接放空，安全阀前应设爆破片，爆破片入口应设氮封，安全阀出口管道应充氮。

问 38　丙烯腈储罐需要设置氮封吗?

答： 丙烯腈储罐需要设置氮封。

丙烯腈是甲 B 可燃液体，同时也是高毒物品、高度危害（Ⅱ级）介质，根据《石油化工储运系统罐区设计规范》，丙烯腈储罐需要设置氮封。

‹ **参考 1**　《危险化学品目录（2015 版）实施指南（试行）》（安监总厅管三〔2015〕80 号）

危险化学品序号为 143 的丙烯腈主要危险性类别包括：易燃液体，类别 2；急性毒性 - 经口，类别 3*；急性毒性 - 经皮，类别 3；急性毒性 - 吸入，类别 3；皮肤腐蚀 / 刺激，类别 2；严重眼损伤 / 眼刺激，类别 1；皮肤致敏物，类别 1；致癌性，类别 2；特异性靶器官毒性 - 一次接触，类别 3（呼吸道刺激）；危害水生环境 - 急性危害，类别 2；危害水生环境 - 长期危害，类别 2。

> **参考2** 根据《高毒物品目录》（卫法监发〔2003〕142号），丙烯腈列入高毒物品目录。

> **参考3** 根据《压力容器中化学介质毒性危害和爆炸危险程度分类标准》（HG/T 20660—2017），丙烯腈为高度危害介质。

> **参考4** 《石油化工储运系统罐区设计规范》（SH/T 3007—2014）

4.2.10 储存Ⅰ、Ⅱ级毒性的甲B、乙A类液体储罐不应大于10000m³，且应设置氮气或其他惰性气体密封保护系统。

条文说明：限制Ⅰ级和Ⅱ级毒性的甲B、乙A类液体储罐容量是为了降低其事故危害性，氮封或其他惰性气体保护系统可有效防止储罐发生爆炸起火事故，进一步加强有毒液体储罐的安全可靠性。

小结： 丙烯腈是Ⅱ级毒性的甲B类液体，储罐应设置氮封系统。

问 **39** 硝化纤维素企业煮洗釜需要设双液位吗？

答： 硝化纤维素企业煮洗釜建议设置双液位。

硝化纤维素，又可称之为纤维素硝酸酯，是纤维素分子结构中的羟基与硝酸发生酯化的产物，通常被人们叫作硝化棉（nitrocellulose，简称NC），属硝酸酯类，其化学式为$(C_6H_7N_3O_{11})_n$，分子式为$C_{12}H_6N_4O_{18}$，一般为白色或微黄色棉絮状物，可溶于丙酮等有机溶剂。含氮量高的硝化纤维素俗称火棉，常在军工领域用于兵器和火炸药的生产与制造；含氮量低的俗称胶棉，常在民用工业用来制造涂料、喷漆、赛璐珞、塑料、油墨、人造纤维、电影胶片和化妆品等。硝化纤维素有着很强的易燃易爆性，在常温时就会发生分解，但速度缓慢，当温度超过40℃就会加速热分解，在产热速率超过散热速率的情况下，就会导致温度快速上升，一旦升至180℃即可发生自燃反应。硝化纤维素在常温下可以进行分解反应，但常温下自行分解反应速度极其缓慢。当硝化纤维素含有残酸及其它不安定杂质时，这些不安定杂质对硝化纤维素的分解起到催化作用，能加速硝化棉的分解反应，同时放出热量。若分解产物和反应热不能及时排出，将使分解进一步加速，甚至导致燃烧和爆炸。由于硝化纤维素含有其它不安定杂质导致其安定性较差，在火焰、高温、强氧化剂、冲击与摩擦的情况下会发生燃烧和爆炸。

硝化纤维素煮洗工序就是对硝化纤维素中不安定杂质进行分离去除关键工序，若因煮洗釜液位低的原因造成硝化纤维素局部升温分解或者安定处理不合格，都会极大增加硝化纤维素引发火灾、爆炸事故的风险。所以建议煮洗釜设置独立的两套液位监测或观察装置，设置爆破片和安全阀，确保煮洗工序安全。

‹ **参考**《工业用硝化纤维素安全技术规范》（T/CCSAS 002—2018）

3.3.3　工艺系统设计应符合以下要求：

b）煮洗釜应设置独立的两套液位监测或观察装置（如液位计、窥视镜等）并应设置爆破片和安全阀。

延伸阅读： 2024 年 5 月 9 日，湖北雪飞化工公司硝化棉生产车间发生爆炸，造成 3 人死亡，初步分析事故原因是硝化棉生产车间 1# 煮洗锅水位下降，局部硝化棉缺水，在高温蒸汽作用下分解，持续释放热量，导致煮洗锅内硝化棉剧烈热分解发生爆炸。

小结： 硝化纤维素企业煮洗釜建议设置独立的两套液位监测或观察装置，设置爆破片和安全阀，确保煮洗工序安全。

问 40　化工企业变更管理包括哪些方面？

答： 根据《化工过程安全管理导则》（AQ/T 3034—2022），化工企业变更类型如下：

按专业可将变更分为总图变更、工艺技术变更、设备设施变更、仪表系统变更、公用工程变更、管理程序和制度变更、企业组织架构变更、生产组织方式变更、重要岗位的人员和职责变更、供应商变更、外部条件变更等。

按变更期限，可将变更区分为永久性变更、临时性变更。

按照变更流程，可将变更区分为常规变更和紧急变更；按照变更带来的风险大小，可将变更区分为一般变更和重要变更。

变更管理程序包括变更申请、变更风险评估及制定管控措施、变更审批、变更实施和相关方培训（告知）、变更验收、资料归档、变更关闭。

‹ 参考1 《化工过程安全管理导则》（AQ/T 3034—2022）第 4.15 条

‹ 参考2 《化工企业变更管理实施规范》（T/CCSAS 007—2020）

小结： 化工企业变更管理可以按照专业、变更流程和变更期限对变更进行分类，变更管理程序包括变更申请、变更风险评估及制定管控措施、变更审批、变更实施和相关方培训（告知）、变更验收、资料归档、变更关闭等。

问 **41** 变更管理分为哪几个等级？哪些是重大变更？

答： 关于变更管理目前就分为两级，一般变更和重大变更。

变更管理作为企业安全生产管理体系重要的一个要素，贯穿于化工企业全生命周期，变更管理可依据安全行业标准《化工过程安全管理导则》（AQ/T 3034—2022）和团体标准《化工企业变更管理实施规范》（T/CCSAS 007—2020）进行分级，一些文件中有相关的举例和说明。

《危险化学品生产使用企业老旧装置安全风险评估指南（试行）》对重

大工艺技术变更和重大设备变更进行了举例，如下：

（1）重大工艺技术变更主要包括：生产能力超过设计最大能力；可能导致危险产生的原辅材料（包括助剂、添加剂、催化剂等）变化；介质（包括成分比例的变化）不满足设计要求；工艺技术路线、流程发生调整变化；工艺控制参数超出设计范围；仪表控制系统（包括安全报警和联锁整定值的改变）超出设计范围，水、电、汽、风等公用工程方面的改变可能导致重大风险等。

（2）重大设备变更主要包括：设备设施的改造、非同类型替换（包括型号、材质、安全设施的变更）、布局改变，备件、材料的改变，监控、测量仪表的变更，控制计算机及软件的变更。

《化工建设项目安全设计管理导则》（AQ/T 3033—2022）对重大设计变更进行了举例，如下：项目周边条件发生重大变化；建设项目地址发生变更；主要技术、工艺路线、产品方案或者装置规模发生重大变化；安全设施方案修改，包括火炬和安全泄放系统的变更；涉及重要设计文件的变更；SIF 或安全联锁的原则性修改；可能涉及安全、消防等政府审批事项的变更；可能降低建设项目安全性能的其他设计变更。

◁ 参考1 《化工过程安全管理导则》（AQ/T 3034—2022）

4.15.2.3　按照变更带来的风险大小，可将变更区分为一般变更和重要变更。

◁ 参考2 《化工企业变更管理实施规范》（T/CCSAS 007—2020）

4.6.3　在变更的风险性影响方面，企业应明确一般变更和重要变更的划分标准和管理要求。

◁ 参考3 《危险化学品生产使用企业老旧装置安全风险评估指南（试行）》（应急管理部危化监管一司，2022.2.3）

◁ 参考4 《化工建设项目安全设计管理导则》（AQ/T3033—2022）/9.2.2

小结： 根据安全行业标准规定，化工企业变更分为一般变更和重大变更两级。

问 42　从火灾风险考虑，丙类车间可以用己二酸为原料生产聚酯多元醇吗？

答： 聚酯多元醇（polyester polyol）包括常规聚酯多元醇、聚己内酯多元醇和聚碳酸酯二醇，它们含酯基或碳酸酯基，但实际上通常所指的聚酯多元醇是由二元羧酸与二元醇等通过缩聚反应得到的聚酯多元醇，己二酸是常见原料之一。丙类车间使用原料己二酸生产聚酯多元醇时，应首先对己二酸物质火灾危险性进行分析判断，再根据己二酸火灾风险分析判断对丙类车间火灾类别的影响。

己二酸基本物性：白色颗粒晶体，熔点 152～153℃，沸点 330～332.7℃，闪点（开杯）209.85℃，燃点 231.85℃，密度 $1.36g/cm^3$，没有列入《危险化学品目录（2015 版）》及其他任何监管化学品目录。

首先依据《化学品分类和标签规范　第 8 部分：易燃固体》GB 30000.8—2013、《易燃固体危险货物危险特性检验安全规范》GB 19521.1—2004、《爆炸性环境　第 12 部分：可燃性粉尘物质特性　试验方法》GB/T 3836.12—2019 等有关技术标准对己二酸的燃烧特性和粉尘爆炸特性进行检验，判断己二酸是否为易燃固体和可燃性粉尘，依据其燃爆风险确定车间火灾危险。具体如下：

（1）若该己二酸属于易燃固体，则根据燃烧特性确定涉及己二酸作业场所和储存场所火灾危险性为乙类（通常认为己二酸不是甲乙类）；若该己二酸不是易燃固体，但经检验确定为可燃性粉尘，则己二酸储存场所火灾危险性类别为丙类，同时需要进一步对己二酸输送、投料等工序的粉尘爆炸风险和粉尘爆炸危险区域（20 区、21 区、22 区）进行判定，确定火灾危险性为乙类的作业场所。

（2）当涉及己二酸的作业区域火灾危险性类别确定为乙类时，应控制该乙类区域所占面积不应大于所在丙类车间的 5%，并与其他生产区域进行有效的防火分隔；反之，若火灾危险性类别为乙类的生产区域所占面积大于丙类车间面积的 5%，则应该对丙类车间进行升级改造，有关安全、消防设施应满足乙类生产火灾风险管控要求。

（3）若该己二酸既不是易燃固体，也不是可燃性粉尘，仅具有一般丙类可燃固体的燃爆风险，则涉及己二酸区域火灾危险性类别为丙类，即涉及己二酸的作业区域不对丙类车间的火灾危险性产生影响，不需要采取额外的风险防控措施。

◁ **参考1** 《化学品分类和标签规范　第 8 部分：易燃固体》（GB 30000.8—2013）

4.2　粉状、颗粒状或糊状物质或混合物如果根据《联合国关于危险货物运输的建议书试验和标准手册》（第五修订版）第三部分 33.2.1 节规定的试验方法进行一次或多次试验，燃烧时间少于 45s 或燃烧速率大于 2.2mm/s，就应被分类为易燃固体。

4.5　易燃固体根据联合国《联合国关于危险货物运输的建议书试验和标准手册》（第五修订版）第三部分 33.2.1 中 N.1 试验分为 2 类，见下表 1。

表 1　易燃固体的分类

类别	标准
1	燃烧速率试验 除金属粉末之外的混合物： 　a）潮湿部分不能阻燃，而且 　b）燃烧时间小于45s或燃烧速率大于2.2mm/s； 金属粉末： 　a）燃烧时间不大于5min

续表

类别	标准
2	燃烧速率试验： 除金属粉末之外的混合物： a）潮湿部分至少可以阻燃4min，而且 b）燃烧时间小于45s或燃烧速率大于2.2mm/s； 金属粉末： 燃烧时间大于5min且不应大于10min

参考2 《易燃固体危险货物危险特性检验安全规范》（GB 19521.1—2004）

参考3 《爆炸性环境 第12部分：可燃性粉尘物质特性 试验方法》（GB/T 3836.12—2019）

参考4 《化学品粉尘爆炸危害识别和防护指南》（GB/T 44394—2024）

参考5 《建筑设计防火规范》（GB 50016—2014，2018年版）

3.1.1　生产的火灾危险性应根据生产中使用或产生的物质性质及其数量等因素划分，可分为甲、乙、丙、丁、戊类，并应符合表3.1.1的规定。

3.1.2　同一座厂房或厂房的任一防火分区内有不同火灾危险性生产时，厂房或防火分区内的生产火灾危险性类别应按火灾危险性较大的部分确定；当生产过程中使用或产生易燃、可燃物的量较少，不足以构成爆炸或火灾危险时，可按实际情况确定；当符合下述条件之一时，可按火灾危险性较小的部分确定：1. 火灾危险性较大的生产部分占本层或本防火分区建筑面积的比例小于5%或丁、戊类厂房内的油漆工段小于10%，且发生火灾事故时不足以蔓延至其他部位或火灾危险性较大的生产部分采取了有效的防火措施。

3.1.3　储存物品的火灾危险性应根据储存物品的性质和储存物品中的可燃物数量等因素划分，可分为甲、乙、丙、丁、戊类，并应符合表3.1.3的规定。

延伸阅读：《精细化工企业工程设计防火标准》（GB 51283—2020）条文说明第 3 章表 6 中，己二酸列为乙类火灾危险性，但条文说明不具有与正文相同的法律效力，不能作为判断依据。而且，《精细化工企业工程设计防火标准》3.0.1、3.0.2 和《石油化工企业设计防火标准》3.0.3 都明确规定固体的火灾危险性分类应执行《建筑设计防火规范》，建议按《建筑设计防火规范》来判断己二酸火灾危险类别为乙类还是丙类。

小结：对化学物质的火灾危险性，应以该物质的理化性质、危险性类别和化学品领域更系统科学的专业性国家强制性标准《化学品分类和标签规范　第 1 部分：通则》（GB 30000.1—2024）和《化学品分类和标签规范　第 2 部分至第 29 部分》（GB 30000.2~29—2013）系列为依据，正确辨识其危险特性的基础上，再按照《建筑设计防火规范》《石油化工企业设计防火标准》《精细化工企业工程设计防火标准》或其他适用行业规范进行火灾危险性类别的划分。

问 43　苯乙烯和苯储罐的伴热怎么做？电伴热可以吗？

答：目前无明确的工程技术标准规定必须采用哪种伴热方式，应结合伴热方式的安全风险、经济合理性、工程可行性等综合确定。

苯的熔点（凝固点）为 5.5℃，沸点 80.1℃。苯乙烯熔点为 –30.6℃，沸点为 145.2℃。苯乙烯因为物料性质，储罐型式大多为固定顶储罐，苯储罐型式大多为内浮顶储罐，这类储罐型式还与储存容积等因素有关。苯和苯乙烯的伴热，温度只需维持在熔点以上并远低于沸点。为了防止苯乙烯自聚，其温度需控制在 20℃以下。根据所处地区环境温度，在储罐内或外壁设置盘管、选用蒸汽（0.4MPa）或热水、电伴热作为热源，但储罐在伴热要有防止超温的措施（建议设置温度自动控制）。

采用热水伴热的，做好防冻防凝的管理，并注意排水应符合环保的要求。采用电伴热的，应满足相关标准规定的防爆要求。

> **参考 1** 《化工装置管道布置设计工程规定》（HG/T 20549.2—1998）

3　伴管加热典型例图

4　自限温电热带伴热典型例图

> **参考 2** 《苯乙烯安全风险隐患排查指南（试行）》（应急管理部危化监管一司，2022.1.27）

3.2　苯乙烯储存安全管理排查重点

3　苯乙烯储罐应设计喷淋设施或制冷设施，保证苯乙烯储存温度不高于 20℃。制冷系统应配有应急电源。（排查依据:《石油化工储运系统罐区设计规范》SH/T 3007—2014）

> **参考 3** 《爆炸危险场所防爆安全导则》（GB/T 29304—2012）

> **参考 4** 《爆炸性环境 电阻式伴热器　第 1 部分：通用和试验要求》（GB/T 19518.1—2024）

> **参考 5** 《爆炸性环境 电阻式伴热器　第 2 部分：设计、安装和维护指南》（GB/T 19518.2—2017）

小结： 目前无明确的工程技术标准规定必须采用哪种伴热方式，应结合伴热方式的安全风险、经济合理性、工程可行性等综合确定。采用热水伴热的，建议做好防冻防凝的管理，并注意排水应符合环保的要求。采用电伴热的，应满足相关标准规定的防爆要求。

问 44 异常工况处置管理制度与应急预案、操作规程有什么关系？

答： 应急管理部印发的《化工企业生产过程异常工况安全处置准则（试

行)》（应急厅〔2024〕17号）（以下简称《处置准则》）文件要求，化工企业需要建立健全异常工况处置制度，这不应机械地理解为新建一个制度，对照《处置准则》要点，修订完善已有制度和操作规程中的相关内容也是可行的办法。

《处置准则》针对化工企业生产运行阶段的装置开停车、非计划检维修、操作参数异常、非正常操作或设备设施故障等存在能量意外释放风险的情形，确定了7项基本要求、5项处置原则和18条具体要求。

异常工况处置制度等相关文件，应包括企业生产运行阶段所有可能出现的异常工况情形，需要企业对每个生产装置和设施可能存在的异常工况情形进行预先辨识和风险评估，基于风险评估结果明确异常工况的紧急处置程序，从而对操作员工开展培训、训练，以提升异常工况紧急处置的能力，防止和减少由于处置不当造成的安全生产事故。

按照《化工过程安全管理导则》（AQ/T 3034—2022）要求，化工企业应编制的操作规程也包含异常工况及紧急处置的内容（表A.12），但不包括检维修作业。

企业应对照《处置准则》处置要点，修订完善操作规程中的异常工况处置程序和方法。

应急预案是异常工况处置措施失效以后，工艺装置的操作条件无法恢复到工艺设计要求的操作区间，对装置失控可能造成的事故而编制的。应急预案是对异常工况处置失效后的衔接和补充。对照《处置准则》处置要点，对应急预案补充完善，也可以制定"异常工况处置专项预案"。

小结：异常工况处置制度等相关文件，应包括企业生产运行阶段所有可能出现的异常工况情形，企业应对照《处置准则》处置要点，修订完善操作规程中的异常工况处置程序和方法；应急预案是异常工况处置措施失效以后对装置失控可能造成的事故而编制的，是对异常工况处置失效后的衔接和补充。

HSE

HEALTH SAFETY
ENVIRONMENT

第二章
总图布置与安全设计

全面考量场地因素，精心规划总图布置，融入专业安全设计理念，共筑化工本质安全。

——华安

问 45 防火间距、安全间距等定义如何区分？

答： 防火间距属于安全间距的一种，安全间距包括防火间距、VCE（蒸汽云）爆炸安全防护距离、高毒安全防护距离等各个方面涉及人员和财产安全防护的距离。简单介绍如下：

（1）外部安全防护距离

目前外部安全防护距离通过定量风险评估方法（QRA）确定，对于企业外部防护目标，与危险化学品生产装置和储存设施的安全防护距离应同时满足两个条件：①防火间距/安全距离符合有关标准规定（GB 50160—2008、GB 51283—2020、GB 50984—2014 等）；②防护目标个人风险符合《危险化学品生产装置和储存设施风险基准》（GB 36894—2018）规定，涉及爆炸品时防护目标所承受的爆炸冲击波超压低于超压安全阈值（2000Pa、5000Pa、9000Pa）。

参考1 《危险化学品生产装置和储存设施外部安全防护距离确定方法》（GB/T 37243—2019）

3.4 外部安全防护距离：为了预防和减缓危险化学品生产装置和储存设施潜在事故（火灾、爆炸和中毒等）对厂外防护目标的影响，在装置和设施与防护目标之间设置的距离或风险控制线。或者是指危险化学品生产、储存装置危险源在发生火灾、爆炸、有毒气体泄漏时，为避免事故造成防护目标处人员伤亡而设定的安全防护距离。

参考2 《危险化学品生产装置和储存设施风险基准》（GB 36894—2018）

参考3 《危险化学品生产建设项目安全风险防控指南（试行）》（应急〔2022〕52号）

参考4 《危险化学品建设项目安全评价细则（试行）》（安监总危化

〔2007〕255号）

（2）防火间距

规范有明确规定的数值。是防止或减少火灾的发生及发生火灾时工艺装置或设施间的相互影响。规范中的防火间距，据有的文献介绍，大多是国外标准的数据，都是国外一些组织或机构通过一定实验后得来的。不能说符合规范就绝对安全。防火间距的作用：①减少发生 ②阻止蔓延和相互影响 ③保护重点 ④有利扑救。

确定防火间距主要执行标准有：

《建筑防火通用规范》（GB 55037—2022）

《石油化工企业设计防火标准》（GB 50160—2008，2018年版）

《建筑设计防火规范》（GB 50016—2014，2018年版）

《精细化工企业工程设计防火标准》（GB 51283—2020）

《仓储场所消防安全管理通则》（GA 1131—2014）

《化工企业总图运输设计》（GB 50489—2009）

《石油天然气工程设计防火规范》（GB 50183—2015）

《石油库设计规范》（GB 50074—2014，2022年修订）

《天然气液化工厂设计标准》（GB 51261—2019）

《煤化工工程设计防火标准》（GB 51428—2021）

实际应用中应选择适用的防火设计规范确定防火间距，防火间距起止点参考有关标准规定。

‹ **参考1** 《建筑设计防火规范》（GB 50016—2014，2018年版）

2.1.21 防火间距 fire separation distance

防止着火建筑在一定时间内引燃相邻建筑，便于消防扑救的间隔距离。

‹ **参考2** 《建筑设计防火规范》（GB 50016—2014，2018年版）附录B

> **参考3** 《石油化工企业设计防火标准》（GB 50160—2008，2018 年版）附录 A

（3）VCE 爆炸安全防护距离

VCE 爆炸安全防护距离一般是指当爆炸性化学品发生燃烧爆炸事故时，由燃爆中心到能够保护人身安全和使建筑物遭受破坏的程度被限制在设防标准允许的破坏等级之内的最小距离。

VCE 是石化工厂最典型的爆炸类型，也是设计中应该重点设防的危险源。防爆距离的确定需要分析具有 VCE 危险的设备、储罐、泵区等危险源对周边重要设施、居民区、工厂人员集中场所建筑物等防护目标的影响，避免 VCE 冲击波对建筑物造成破坏从而导致人员伤亡。

主要确定依据：

《危险化学品生产装置和储存设施外部安全防护距离确定方法》（GB/T 37243—2019）

《石油化工工厂布置设计规范》（GB 50984—2014）

《石油化工过程风险定量分析标准》（SH/T 3226—2024）

《国家安全监管总局 住房城乡建设部关于进一步加强危险化学品建设项目安全设计管理的通知》（安监总管三〔2013〕76 号）

通过定量风险评估（QRA）对爆炸安全防护距离进行综合研判，根据超压对建筑物的影响，确定防护目标建筑物与爆炸危险源之间的防护距离；当不能满足距离要求时，应采取加固抗爆结构等防护措施，降低风险。例如办公楼、中央控制室等人员集中建筑物应远离爆炸源，布置在爆炸冲击波超压值 6.9kPa 之外或者建筑物主体结构采取抗爆设计。

> **参考1** 《石油化工工厂布置设计规范》（GB50984—2014）

4.8.2 人员集中场所应远离爆炸危险源。

> **参考2** 《石油化工过程风险定量分析标准》（SH/T 3226—2024）

12.5.2　建筑物受到的爆炸冲击波超压≥ 6.9kPa 或者爆炸冲量≥ 207kPa·ms 时，建筑物主体结构应采用抗爆设计，建筑物其它部分的抗爆要求应执行 GB/T 50779。

小结： 不同行业的企业在执行上述各种"距离"规范要求时，要注意采标并符合相对应的、适用的规范标准。

问 **46** 适用 GB 50016—2014 的工厂，厂房外附设备与周边设施防火间距起止点怎么定？

答： 外附设备外壁与相邻厂房室外附设设备的外壁或相邻厂房外墙。

> **参考1** 《建筑设计防火规范》（GB 50016—2014，2018 年版）

3.4.6　厂房外附设化学易燃物品的设备，其外壁与相邻厂房室外附设设备的外壁或相邻厂房外墙的防火间距，不应小于本规范第 3.4.1 条的规定。用不燃材料制作的室外设备，可按一、二级耐火等级建筑确定。

附录 B.0.1　建筑物之间的防火间距应按相邻建筑外墙的最近水平距离计算，当外墙有凸出的可燃或难燃构件时，应从其凸出部分外缘算起。

延伸阅读 1: 《建筑设计防火规范》（GB 50016—2014，2018 年版）附录 B

B.0.1　建筑物之间的防火间距应按相邻建筑外墙的最近水平距离计算，当外墙有凸出的可燃或难燃构件时，应从其凸出部分外缘算起。

建筑物与储罐、堆场的防火间距，应为建筑外墙至储罐外壁或堆场中相邻堆垛外缘的最近水平距离。

B.0.2　储罐之间的防火间距应为相邻两储罐外壁的最近水平距离。

储罐与堆场的防火间距应为储罐外壁至堆场中相邻堆垛外缘的最近水平距离。

B.0.3 堆场之间的防火间距应为两堆场中相邻堆垛外缘的最近水平距离。

B.0.4 变压器之间的防火间距应为相邻变压器外壁的最近水平距离。

变压器与建筑物、储罐或堆场的防火间距，应为变压器外壁至建筑外墙、储罐外壁或相邻堆垛外缘的最近水平距离。

B.0.5 建筑物、储罐或堆场与道路、铁路的防火间距，应为建筑外墙、储罐外壁或相邻堆垛外缘距道路最近一侧路边或铁路中心线的最小水平距离。

延伸阅读 2：《石油化工企业设计防火标准》（GB 50160—2008，2018年版）

附录 A A0.1 区域规划、工厂总平面布置，以及工艺装置或设施内平面布置的防火间距起止点为：

设备——设备外缘

建筑物（敞开或半敞开式厂房除外）——最外侧轴线

敞开式厂房——设备外缘

半敞开式厂房——根据物料特性和厂房结构型式确定

铁路——中心线

道路——路边

码头——输油臂中心及泊位

铁路装卸鹤管——铁路中心线

汽车装卸鹤位——鹤管立管中心线

储罐或罐组——罐外壁

高架火炬——火炬筒中心

架空通信、电力线——线路中心线

工艺装置——最外侧的设备外缘或建筑物的最外侧轴线

小结：厂房外附设备与相邻厂房室外附设设备的外壁或相邻厂房外墙的防

火间距，不应小于《建筑防火设计规范》GB 50016—2014 第 3.4.1 条规定。

 问 47 **一般化工企业同一座厂房或厂房的任一防火分区内有不同火灾危险性生产时，厂房或防火分区内的生产火灾危险性类别如何确定？**

答： 按《建筑防火设计规范》GB 50016—2014 第 3.1.2 条执行，同一座厂房或厂房的任一防火分区内有不同火灾危险性生产时，厂房或防火分区内的生产火灾危险性类别应按火灾危险性较大的部分确定；当生产过程中使用或产生易燃、可燃物的量较少，不足以构成爆炸或火灾危险时，可按实际情况确定；当符合下述条件之一时，可按火灾危险性较小的部分确定：

火灾危险性较大的生产部分占本层或本防火分区建筑面积的比例小于 5% 或丁、戊类厂房内的油漆工段小于 10%，且发生火灾事故时不足以蔓延至其他部位或火灾危险性较大的生产部分采取了有效的防火措施。

丁、戊类厂房内的油漆工段，当采用封闭喷漆工艺，封闭喷漆空间内保持负压、油漆工段设置可燃气体探测报警系统或自动抑爆系统，且油漆工段占所在防火分区建筑面积的比例不大于 20%。

> **参考**　《建筑设计防火规范》（GB 50016—2014，2018 年版）3.1.2。

问 48 **一般化工企业戊类生产装置与其他装置的防火间距如何规定？**

答： 执行《建筑设计防火规范》GB 50016—2014 表 3.4.1 有关规定。

> **参考**　《建筑设计防火规范》（GB 50016—2014，2018 年版）

小结：一般化工企业戊类生产装置与其他装置防火间距执行《建筑设计防火规范》GB 50016—2014 表 3.4.1 有关规定。

问 49 装置现场与竣工图纸不一致属于重大隐患吗？

答：需要根据具体情况确定，若现场与竣工图存在重大变更，导致规划、布局、工艺、设备、自动化控制等不能满足安全要求，安全风险未知或较大，且未经正规设计院设计，后续也未进行安全设计诊断，该问题属于重大隐患。

参考 《化工和危险化学品生产经营单位重大生产安全事故隐患判定标准（试行）》（安监总管三〔2017〕121 号）

第十条：在役化工装置未经正规设计且未进行安全设计诊断。

小结：装置现场与原始设计图纸不一致且无设计变更或安全设计诊断属于重大生产安全事故隐患。

问 50 石油化工企业全厂性锅炉是否按明火地点考虑防火间距？

答：不能。根据《石油化工企业设计防火标准》（GB 50160—2008，2018年版），石油化工企业全厂性锅炉房视为第二类全厂性重要设施考虑与周围设施的防火间距。

参考 《石油化工企业设计防火标准》（GB 50160—2008，2018 年版）2.0.5、2.0.6 及条文说明。

第一类全厂性重要设施主要指全厂性的办公楼、中央控制室、化验室、消防站、电信站、消防水泵房（站）等。

第二类全厂性重要设施主要指全厂性的锅炉房和自备电站、变电所、空压站、空分站、循环水场的冷却塔等。

小结： 石油化工企业全厂性锅炉房视为第二类全厂性重要设施考虑与周围设施的防火间距。

问 51　石油化工企业无人值守区域变配电所属于几类重要设施？

答： 划分为区域性第二类重要设施。

参考《石油化工企业设计防火标准》（GB 50160—2008，2018 年版）2.0.5、2.0.6 及条文说明。

第二类全厂性重要设施主要指全厂性的锅炉房和自备电站、变电所、空压站、空分站、循环水场的冷却塔等。

区域性重要设施主要指区域性的办公楼、控制室、变配电所等。区域性重要设施的分类原则同第 2.0.5 条。

小结： 石油化工企业无人值守区域变配电所属于区域性第二类重要设施。

问 52　石油化工企业甲、乙类厂房内是否可以设置化验室？

答： 不可以。

参考《石油化工企业设计防火标准》（GB 50160—2008，2018 年版）5.2.16 装置的控制室、机柜间、变配电所、化验室、办公室等不得与设有甲、乙 A 类设备的房间布置在同一建筑物内。

小结： 化验室不应设置在甲乙类厂房内。

问 53 厂区内独立建造的质检楼是否属于建规中的民用建筑？

答: 属于。

厂区质检楼不具有生产或仓储功能，属于 GB 50016—2014 所指"民用建筑"；同时，石油化工企业质检楼也是 GB 50160—2008 所指"全厂性重要设施"。

> **参考1** 《建筑设计防火规范》（GB 50016—2014，2018 年版）

条文说明第 3.4.1（2）本规范第 3.4.1 条及其注 1 中所指"民用建筑"，包括设置在厂区内独立建造的办公、实验研究、食堂、浴室等不具有生产或仓储功能的建筑。

> **参考2** 《石油化工企业设计防火标准》（GB 50160—2008，2018 年版）2.0.5、2.0.6 及条文说明。

第一类全厂性重要设施主要指全厂性的办公楼、中央控制室、化验室、消防站、电信站、消防水泵房（站）等。

第二类全厂性重要设施主要指全厂性的锅炉房和自备电站、变电所、空压站、空分站、循环水场的冷却塔等。

小结: 石油化工企业质检楼既是 GB 50016—2014 所指民用建筑，也是 GB 50160—2008 所指全厂性重要设施。

问 54 锅炉房是否可贴邻民用建筑中的人员密集场所？

答: 锅炉房不应贴邻民用建筑中的人员密集场所。

> **参考** 《建筑防火通用规范》（GB 55037—2022）

4.1.4 燃油或燃气锅炉、可燃油油浸变压器、充有可燃油的高压电容器和多油开关、柴油发电机房等独立建造的设备用房与民用建筑贴邻时，应采用防火墙分隔，且不应贴邻建筑中人员密集的场所。上述设备用房附设在建筑内时，应符合下列规定：

① 当位于人员密集的场所的上一层、下一层或贴邻时，应采取防止设备用房的爆炸作用危及上一层、下一层或相邻场所的措施；

② 设备用房的疏散门应直通室外或安全出口；

③ 设备用房应采用耐火极限不低于 2.00h 的防火隔墙和耐火极限不低于 1.50h 的不燃性楼板与其他部位分隔，防火隔墙上的门、窗应为甲级防火门、窗。

小结： 锅炉房应首选独立建造，确需贴邻人员密集的场所时，应采取相应的防火、防爆措施。

问 55 石化企业哪些场所不应使用沥青道路？

答： 可燃液体和液化烃的汽车装卸场地、液氧储罐周围 5m 范围内以及对沥青产生腐蚀和溶解作用的液体滴落的路段不应使用沥青道路。

参考 1 《石油化工企业设计防火标准》（GB 50160—2008，2018 年版）

6.4.2（2） 可燃液体的汽车装卸站应符合下列规定：装卸车场应采用现浇混凝土地面。

6.4.3（8） 液化烃铁路和汽车的装卸设施应符合下列规定：汽车装卸车场应采用现浇混凝土地面。

参考 2 《建筑设计防火规范》（GB 50016—2014，2018 年版）

4.3.5 液氧储罐周围 5m 范围内不应有可燃物和沥青道路。

参考 3 《化工企业总图运输设计规范》（GB 50489—2009）

9.3.3 厂内道路路面等级、面层类型，应根据道路使用要求和当地气候、路基状况、材料供应和施工条件等因素确定，并应符合下列要求：

（1）对防尘、防震、防噪声要求高的路段，宜选用沥青路面；

（2）在防腐要求较高的路段，应选用耐腐蚀的路面；

（3）在经常有对沥青产生侵蚀、溶解作用的液体滴落的路段，不宜采用沥青路面。

小结： 石化企业可燃液体和液化烃的汽车装卸车场应采用现浇混凝土地面，液氧储罐周围5m范围内不应有可燃物和沥青道路，在经常有对沥青产生侵蚀、溶解作用的液体滴落的路段，不宜采用沥青路面。

问 56 循环水冷却塔是区域性二类重要设施吗？

答： 视情况而定，判断为区域性还是全厂性二类重要设置，主要取决于其服务功能。

若该凉水塔服务于一部分生产设施时属于区域性第二类重要设施，若服务于全厂生产设施则属于全厂性第二类重要设施。

◄ **参考** 《石油化工企业设计防火标准》（GB 50160—2008，2018年版）2.0.5、2.0.6及条文说明。

全厂性重要设施可分为以下两类：

第一类：发生火灾时可能造成重大人身伤亡的设施。

第二类：发生火灾时影响全厂生产的设施。

条文说明：第一类全厂性重要设施主要指全厂性的办公楼、中央控制室、化验室、消防站、电信站、消防水泵房（站）等。

第二类全厂性重要设施主要指全厂性的锅炉房和自备电站、变电所、空压站、空分站、循环水场的冷却塔等。

区域性重要设施：发生火灾时影响部分装置生产或可能造成局部区域

人身伤亡的设施。

条文说明：区域性重要设施主要指区域性的办公楼、控制室、变配电所等。区域性重要设施的分类原则同第 2.0.5 条。

小结： 凉水塔判断为区域性还是全厂性二类重要设置，主要取决于其服务功能。若该凉水塔服务于一部分生产设施时属于区域性第二类重要设施，若服务于全厂生产设施则属于全厂性第二类重要设施。

问 57 布置在石油化工装置内，为了平衡生产不直接参加工艺过程的储罐是否属于装置储罐？

答： 属于装置储罐。判定是否为装置储罐，需要同时满足以下三个条件：(1) 储罐布置在装置内；(2) 该储罐不直接参与工艺过程；(3) 平衡生产、产品质量检测或一次投入等需要布置在装置内。

> **参考**《石油化工企业设计防火标准》(GB 50160—2008，2018 年版)

2.0.18　装置储罐（组）

在装置正常生产过程中，不直接参加工艺过程，但工艺要求，为了平衡生产、产品质量检测或一次投入等需要在装置内布置的储罐（组）。

问 58 加热炉附属的燃料气分液罐与加热炉的防火间距如何确定？

答： 当燃料气分液罐是加热炉附属设备时，防火间距不应小于 6m。

◂ **参考** 《石油化工企业设计防火标准》（GB 50160—2008，2018
年版）

5.2.4 明火加热炉附属的燃料气分液罐、燃料气加热器等与炉体的防火
间距不应小于 6m。

问 **59** 石油化工装置内布置的变配电所与该装置甲类设备是否可以相邻 2m 布置？

答： 不可以，石油化工装置内布置的变配电所与该装置甲类设备间距不应
小于 15m。

◂ **参考** 《石油化工企业设计防火标准》（GB 50160—2008，2018
年版）

表 5.2.1 装置的控制室、机柜间、变配电所、化验室、办公室与操作温
度低于自燃点的可燃气体（甲类）、液化烃（甲 A）、可燃液体（甲 B、乙
A）工艺设备或房间之间的防火间距不应小于 15m。

延伸阅读： 根据 GB 50160—2008 第 5.2.1 条文说明，该条主要考虑与现
行国家标准《爆炸危险环境电力装置设计规范》（GB 50058—2014）的下列
规定相协调：

（1）释放源，即可能释放出形成爆炸性混合物的物质所在的位置或地
点；（2）爆炸危险场所范围为 15m。

甲 B、乙 A 类液体和甲类气体及操作温度等于或高于其闪点的乙 B、
丙 A 类液体设备是释放源，其与明火或有电火花的地点的最小防火间距，
与爆炸危险场所范围相协调，定为 15m。

小结： 石油化工装置内布置的变配电所与该装置甲类设备间距不应小于
15m。

问 60　放置石油化工企业可燃液体设备的多层建筑物的楼板应采取哪些防止可燃液体泄漏至下层的措施？

答： 可采取如下措施：（1）在可能有可燃液体泄漏或者漫流的设备周围，设置不低于 150mm 的围堰和导流措施。该区域的楼板的结构和材料，应确保能够有效地防止液体的渗透；（2）采用防渗涂层或防水材料；（3）对楼板上的所有穿孔（如管道、电缆等）进行严格的密封处理，使用耐化学品侵蚀的密封胶或密封条。

> **参考** 《石油化工企业设计防火标准》（GB 50160—2008，2018 年版）

5.7.5　条文说明：可燃液体设备的多层建筑物的楼板采取措施防止可燃液体泄漏至下层，并应采取措施有效地收集和排放泄漏物。其目的是防止泄漏的可燃液体到处漫流，减少事故影响范围。

问 61　石油化工企业内作为原料储存的 LNG 全冷冻储罐与明火地点的防火间距是多少？

答： 石油化工企业内原料 LNG（液化天然气）储罐时总图布置按 GB 50160—2008 第 4.2.12 条执行。

根据《石油化工企业设计防火标准》（GB 50160—2008，2018 年版）关于液化烃的定义，LNG 属于液化烃，当该 LNG 全冷冻储罐容积≤ 10000m³ 时，与明火地点防火间距不应小于 60m；当该 LNG 全冷冻储罐容积＞ 10000m³ 时，与明火地点防火间距不应小于 70m。

> **参考** 《石油化工企业设计防火标准》（GB 50160—2008，2018 年版）

小结： 石油化工企业内原料 LNG 全冷冻储罐容积≤ 10000m³ 时，与明火地点防火间距不应小于 60m，> 10000m³ 时不应小于 70m。

问 62 电石库与乙炔发生车间防火间距若不满足《建规》要求，如何改造？

答： 建议改造电石库或造气车间，缩小建筑物尺寸，用以满足《建筑设计防火规范》（GB 50016—2014，2018 年版）的规定：储量小于或等于 10t 执行 12m 防火间距，储量大于 10t 执行 15m 防火间距。

减少甲类物品储量可降低库房固有火灾危险性，防火间距要求降低；缩小库房、厂房尺寸使得建筑之间实际距离增加，降低火灾蔓延至另一座建筑的可能性。

> **参考**《建筑设计防火规范》（GB 50016—2014，2018 年版）

条文说明 3.1.3（2）表 3，电石的火灾危险性类别为甲类第 2 项。

表 3.2-1 甲类储存物品第 1、5、6 项的甲类仓库，当储存量 ≤ 10t 时与耐火等级一级、二级的厂房防火间距不应小于 12m，当储存量 > 10t 时与耐火等级一级、二级的厂房防火间距不应小于 15m。

延伸阅读： 电石与水反应生产的乙炔，是爆炸极限为 2.3%～72.3% 的易燃气体，乙炔属于 GB 50016—2014 表 3.1.1 中的甲类第 2 项，爆炸下限小于 10% 的气体。因此，乙炔发生车间火灾危险性类别划为甲类。

小结： 电石库储量小于或等于 10t 与乙炔发生车间执行 12m 防火间距，储量大于 10t 执行 15m 防火间距。

问 63 石油化工企业内部，液氨罐区与周边设施安全间距如何确定？

答： 液氨为乙 A 类可燃液体、高毒物品，石油化工企业内部液氨罐区与周边设施安全间距要求如下：

（1）液氨储罐在防火堤内的防火间距同液化烃储罐防火间距要求相同；

（2）液氨储罐与周边设施（堤外）的防火间距，《石油化工企业设计防火标准》GB 50160—2008 中表 4.2.12 并未明确说明；但《煤化工工程设计防火标准》GB 51428—2021 中表 4.2.5（注 11）明确提出，液氨储罐不应小于乙 A 类固定顶储罐防火间距。

（3）液氨储罐属于高毒泄漏源，与周边人员集中场所的安全距离应满足《石油化工工厂布置设计规范》GB 50984—2014 的要求。

‹ 参考 1 《石油化工企业设计防火标准》（GB 50160—2008，2018年版）

表 6.3.3（注 2）：液氨储罐间的防火间距要求应与液化烃储罐相同。

‹ 参考 2 《煤化工工程设计防火标准》（GB 51428—2021）

表 4.2.5（注 11）：液氨储罐不应小于乙 A 类固定顶储罐的规定。

‹ 参考 3 《石油化工工厂布置设计规范》（GB 50984—2014）

4.4.9 及条文说明（表 2 和表 3）：

液氨储罐及灌装站的布置应远离人员集中场所。

安全防护距离建议值可参考条文说明表 2。

小结： 液氨罐区总图布置应综合考虑类液化烃性质、易燃性质和有毒性质。

问 **64** GB 50156—2021 中加油站超过 300m² 的站房到加油机的距离是多少？

答： 超过 300m² 的站房不宜布置在加油站作业区内。作业区即加油加气设备爆炸危险区域边界线加 3m，对柴油设备为设备外缘加 3m。

根据 GB 50156—2021 规定，采用油气回收系统的加油站里超过 300m² 的站房距离汽油加油机安全间距不应小于 6m（危险爆炸 2 区 3m+ 边界线外 3m）。

> **参考1**　《汽车加油加气加氢站技术标准》（GB 50156—2021）

2.1.18　作业区（operation area）：汽车加油加气加氢站内布置工艺设备的区域。该区域的边界线为设备爆炸危险区域边界线加 3m，对柴油设备为设备外缘加 3m。

5.0.9　站房不应布置在爆炸危险区域，站房部分位于作业区内时，建筑面积应符合本标准第 14.2.10 条的规定。

14.2.10　站房的一部分位于作业区内时，该站房的建筑面积不宜超过 300m²，且该站房内不得有明火设备。

> **参考2**　《汽车加油加气加氢站技术标准》（GB 50156—2021）附录 C 加油加气加氢站内爆炸危险区域的等级和范围划分

C.0.5　汽油加油机的爆炸危险区域划分（图 C.0.5）应符合下列规定：

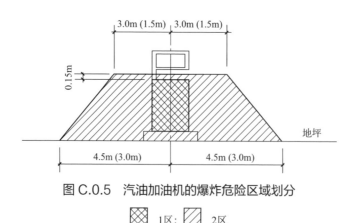

图 C.0.5　汽油加油机的爆炸危险区域划分

▨ 1区；▧ 2区

（1）加油机下箱体内部空间应划分为 1 区；

（2）以加油机中心线为中心线、以半径为 4.5m（3.0m）的地面区域为底面和以加油机下箱体顶部以上 0.15m、半径为 3.0m（1.5m）的平面为顶面的圆台形空间，应划分为 2 区。

小结： 根据 GB 50156—2021 规定，采用油气回收系统加油站中超过 300m² 的站房距离汽油加油机安全间距不应小于 6m。

问 65　石油化工厂际管道包括园区内厂与厂之间的管道吗？

答： 不包括。

< **参考** 《石油化工企业设计防火标准》（GB 50160—2008，2018 年版）

2.0.35　厂际管道：石油化工企业、油库、油气码头等相互之间输送可燃气体、液化烃和可燃液体物料的管道（石油化工园区除外）。

小结： 石油化工厂际管道不包括园区内厂与厂之间的管道。

问 66　厂区管架下方是否可以设置建筑物？

答： 不应设有建筑物。

管架与建筑物应满足最小水平间距的要求：管架（从最外边线算起）与建筑物有门窗的墙壁外缘或突出部分外缘之间的最小水平间距为 3.0 米；与建筑物无门窗的墙壁外缘或突出部分外缘之间的最小水平间距为 1.5 米。基于水平方向的距离要求，管架下方不应有建筑物。

另外，考虑管廊上物料管道泄漏对下方建构物的影响以及管廊及管廊上的管道在检维修及抢险作业过程时需保留足够作业面，管架下方也不应有建筑物。

◀ **参考1** 《工业金属管道设计规范》（GB 50316—2000，2008 年版），
8.1.6。

◀ **参考2** 《化工企业总图运输设计规范》（GB 50489—2009），表 7.3.4。

◀ **参考3** 《工业企业总平面设计规范》（GB 50187—2012），表 8.3.9。

小结： 厂区管廊桥架下方不应设置建筑物。

问 **67** 石油化工厂跨越道路的架空管线距路面有高度要求吗？

答： 有高度要求。

◀ **参考1** 《石油化工企业设计防火标准》（GB 50160—2008，2018 年版）

7.1.2 管道及其桁架跨越厂内铁路线的净空高度不应小于 5.5 米，跨越
厂内道路的净空高度不应小于 5.0 米，在跨越铁路或道路的可燃气体、液化
烃和可燃液体管道上不应设置阀门及易发生泄漏的管道附件。

◀ **参考2** 《工业企业总平面设计规范》（GB 50187—2012）

8.3.2 管架的净空高度及基础位置不得影响交通运输、消防及检修。

8.3.10 架空管线、管架跨越铁路、道路的最小净空高度应符合表 1 的
规定。

表1 架空管线、管架跨越铁路、道路的最小净空高度（m）

名称	最小净空高度
铁路（从轨顶算起）	5.5，并不小于铁路建筑限界
道路（从路拱算起）	5.0
人行道（从路面算起）	2.5

注：1. 表中净空高度除注明者外，管线从防护设施的外缘算起；

2. 管架自最低部分算起；表中铁路一栏的最小净空高度，不适用于电力牵引机车的线路及有特殊运输要
求的线路；

3. 有大件运输要求或在检修时有大型起吊设备，以及有大型消防车通过的道路，应根据需要确定其净空
高度。

> **参考3**　《工业金属管道设计规范》（GB 50316—2000，2008 年版）

8.1.5　架空管道穿过道路、铁路及人行道等的净空高度系指管道隔热层或支撑构件最低点的高度，净空高度应符合下列规定：

（1）电力机车的铁路，轨顶以上≥6.6m;

（2）铁路轨顶以上≥5.5m;

（3）道路推荐值≥5.0m；最小值 4.5m;

（4）装置内管廊横梁的底面≥4.0m;

（5）装置内管廊下面的管道，在通道上方≥3.2m;

（6）人行过道，在道路旁≥2.2m;

（7）人行过道，在装置小区内≥2.0m;

（8）管道与高压电力线路间交叉净距应符合架空电力线路现行国家标准的规定。

小结：穿越石油化工厂内道路的管道及其桁架跨越厂内铁路线的净空高度不应小于 5.5m，跨越厂内道路的净空高度不应小于 5.0m。

问 68　石油化工企业与厂外社会公共设施相邻时围墙必须是实体墙吗？对墙体高度有什么要求？

答：当石油化工企业与厂外社会公共设施相邻时必须设置非燃烧材料的实体围墙，高度不宜低于 2.2m。

> **参考**　《石油化工工厂布置设计规范》（GB 50984—2014）

4.9.2　当装置区、储罐区等易燃、易爆危险场所与厂外社会公共设施相邻时，厂区围墙应为非燃烧材料的实体围墙，实体部分的高度不宜低于 2.2m。

4.9.2　条文说明：石油化工厂属于危险场所，厂区周边应设置围墙，用于防止闲杂人员进入。但围墙可以根据具体情况采用不同的形式：装置区、储罐区等易燃、易爆危险场所与厂外直接相邻的地段，应设置非燃烧材料的实体围墙，以避免外界火源引燃泄漏油气从而将火引入厂内，同时也可对厂外一些难以控制的设施和环境可能带来的危险进行主动防范。如果其他非易燃、易爆危险区与厂外直接相邻，其间可根据需要设置栅栏式空透围墙或其他形式围墙。

问 69 危化品运输车辆停车场应执行哪些法规与标准？

答： 危化品运输车辆停车场应执行《化工园区建设标准和认定管理办法（试行）》（工信部联原〔2021〕220号）、《化工园区安全风险排查治理导则》（应急〔2023〕123号）、《建筑防火通用规范》（GB 55037—2022）、《汽车库、修车库、停车场设计防火规范》（GB 50067—2014）等法规标准的要求，可执行《化工园区危险品运输车辆停车场建设标准》（T/CPCIF 0050—2020）。

参考1 《化工园区建设标准和认定管理办法（试行）》（工信部联原〔2021〕220号）第十条。

化工园区应按照"分类控制、分级管理、分步实施"要求，结合产业结构、产业链特点、安全风险类型等实际情况，分区实行封闭化管理，建立门禁系统和视频监控系统，对易燃易爆、有毒有害化学品等物料、人员、车辆进出实施全过程监管。化工园区应严格管控运输安全风险，实行专用道路、专用车道、限时限速行驶，并根据需要配套建设危险化学品车辆专用停车场，防止安全风险积聚。

参考2 《化工园区安全风险排查治理导则》（应急〔2023〕123号）6.4。

化工园区应运用物联网等先进技术对危险化学品运输车辆进出园区进行实时监控，实行限时、限速行驶、专用道路或专用车道等措施，由化工园区实施统一管理、科学调度，防止安全风险积聚。有危险化学品车辆聚集较大安全风险的化工园区应建设符合有关要求的危险化学品车辆专用停车场并严格管理。

> **参考3**　《汽车库、修车库、停车场设计防火规范》（GB 50067—2014）

> **参考4**　《化工园区危险品运输车辆停车场建设标准》（T/CPCIF 0050—2020）

> **参考5**　《建筑防火通用规程》（GB 55037—2022）

3.1.3 甲、乙类物品运输车的汽车库、修车库、停车场与人员密集场所的防火间距不应小于 50m，与其他民用建筑的防火间距不应小于 25m。甲、乙类物品运输车的汽车库、修车库、停车场与明火或散发火花地点的防火间距不应小于 30m。

问 **70**　化工园区建立公共管廊有哪些相关规定？

答： 化工园区公共管廊有《化工园区安全风险排查治理导则》（应急〔2023〕123 号）、《石油化工设计防火标准》（GB 50160—2008，2018 版）、《化工园区开发建设导则》（GB/T 42078—2022）及《化工园区公共管廊管理规程》（GB/T 36762—2018）等法规标准。

> **参考1**　《化工园区安全风险排查治理导则》（应急〔2023〕123 号）

6.3 化工园区应根据需求建设符合《化工园区公共管廊管理规程》（GB/T 36762—2018）要求的公共管廊，建立健全公共管廊和企业间管道巡检管理、维护保养、安全管理等制度并有效执行。

◁ **参考2** 《石油化工设计防火标准》（GB 50160—2008，2018 版）

4.1.12　石油化工园区内的公用管道应布置在石油化工企业的围墙或用地边界线外，且输送可燃气体、液化烃和可燃液体的公用管道（中心）与石油化工企业内的生产区及重要设施的防火间距不应小于 10m。

◁ **参考3** 《化工园区开发建设导则》（GB/T 42078—2022）7.10。

◁ **参考4** 《化工园区公共管廊管理规程》（GB/T 36762—2018）

问 **71** 机柜间仅加卡件是否属于改建项目？

答： 不属于。

◁ **参考** 《危险化学品建设项目安全监督管理办法》（国家安全监管总局令第 45 号，第 79 号修订）

第四十三条 本办法所称改建项目，是指有下列情形之一的项目：

（一）企业对在役危险化学品生产、储存装置（设施），在原址更新技术、工艺、主要装置（设施）、危险化学品种类的；

（二）企业对在役伴有危险化学品产生的化学品生产装置（设施），在原址更新技术、工艺、主要装置（设施）的。

小结： 机柜间仅加卡件等仪表设备升级改造项目，不属于《危险化学品建设项目安全监督管理办法》中的改建项目。

问 **72** 石油化工企业装置内布置的无人值守机柜间防火间距如何确定？

答： 装置内布置的无人值守机柜间，与该装置内设施的防火间距应执行

《石油化工企业设计防火标准》GB 50160—2008 表 5.2.1，与其它装置的间距执行表 4.2.12，比照甲类火灾危险性单元确定。

> **参考**《石油化工企业设计防火标准》（GB 50160—2008，2018 年版）表 5.2.1、表 4.2.12 及条文说明。

4.2.12　条文说明：（3）执行本标准表 4.2.12 时，需注意以下问题。

③石油化工装置以装置内生产单元的火灾危险性确定与相邻装置或设施的防火间距；装置内重要的设施（如：控制室、变配电所、办公楼等）均比照甲类火灾危险性单元确定与相邻装置或设施的防火间距；当两套装置的控制室、变配电所、办公室相邻布置时，其防火间距可执行现行国家标准《建筑设计防火规范》GB 50016—2014。

问 73 石油化工企业中心控制室需要设置二氧化碳气体灭火系统吗？

答： 石油化工企业中心控制室可以设置手提式二氧化碳灭火器等非固定自动气体灭火系统。根据《石油化工企业设计防火标准》GB 50160—2008 规定，石油化工企业中心控制室宜设置气体型灭火器，可以是二氧化碳气体。

> **参考**《石油化工企业设计防火标准》（GB 50160—2008，2018 年版）

8.9.1　生产区内应设置灭火器。生产区内配置的灭火器宜选用干粉或泡沫灭火器，控制室、机柜间、计算机室、电信站、化验室等宜设置气体型灭火器。

条文说明：手提式气体型灭火器有二氧化碳、气溶胶等形式。手提式二氧化碳灭火器为传统形式，手提式气溶胶灭火器是一种新型的可移动式灭火器材，它是由固定式气溶胶灭火装置发展而来。手提式气溶胶灭火器的选型及布置要考虑下列因素：1. 选用国家权威机构鉴定合格的产品；2. 每具气溶胶手提式灭火器有不少于150g的药剂量；3. 每具气溶胶手提式灭火器最大保护距离不大于9m；4. 不要布置在有防爆要求的场所。

8.11.3　控制室、机柜间、变配电所的消防设施应符合下列规定：4. 应按现行国家标准《建筑灭火器配置设计规范》GB 50140—2005 的要求设置手提式和推车式气体灭火器。

条文说明：石油化工企业控制室、机柜间、变配电所与一般计算机房相比具有特殊性，不要求设置固定自动气体灭火装置理由如下：

1. 石油化工厂控制室24h有人值班，出现火情，值班人员能及时发现，尽快扑救。

2. 各建筑物均按照国家有关规范要求设有火灾自动报警系统，如变配电所、机柜间和电缆夹层等空间发生火情，火灾探测系统能及时向24h有人值班的场所报警，使相关人员及时采取措施。

3. 固定的气体灭火设施一旦启动，需要控制室内值班人员立即撤离，可能导致装置控制系统因无人监护而瘫痪，引发二次火灾或造成更大事故。

小结： 石油化工企业中心控制室一般不设置二氧化碳气体灭火系统，设置二氧化碳气体灭火系统时应考虑人员迅速撤离等方案。

问 **74** 哪些建设项目需要相关单位具有化工设计甲级资质？

答： 石油化工医药行业的大型项目以及涉及"两重点一重大"的大型建设项目，应由工程设计综合甲级资质或相应工程设计化工石化医药、石油天然气（海洋石油）行业、专业甲级资质的单位进行设计。

‹ **参考1** 《危险化学品生产企业安全生产许可证实施办法》（国家安全监管总局令第41号，第89号修订）

第九条　涉及危险化工工艺、重点监管危险化学品的装置，由具有综合甲级资质或者化工石化专业甲级设计资质的化工石化设计单位设计。

‹ **参考2** 《国家安全监管总局　住房城乡建设部关于进一步加强危险化学品建设项目安全设计管理的通知》（安监总管三〔2013〕76号）

第一条（二）　涉及重点监管危险化工工艺、重点监管危险化学品和危险化学品重大危险源的大型建设项目，其设计单位资质应为工程设计综合资质或相应工程设计化工石化医药、石油天然气（海洋石油）行业、专业资质甲级。

小结：涉及"两重点一重大"建设项目需要化工设计化工石化医药、石油天然气（海洋石油）行业、专业甲级及以上资质。

问 75 安全设施设计阶段的装置与安全条件审查阶段相比规模扩大了，是否应重新进行安全评价？

答：重新进行安全评价。

‹ **参考** 《危险化学品建设项目安全监督管理办法》（国家安全监管总局令第45号，第79号修订）

第十四条　已经通过安全条件审查的建设项目有下列情形之一的，建设单位应当重新进行安全评价，并申请审查：（3）主要技术、工艺路线、产品方案或者装置规模发生重大变化的；生产车间或者建筑单体发生变化可以认为是装置规模或者方案发生变化的，需要重新进行安全评价。

小结：安全设施设计阶段的装置与安全条件审查阶段相比规模扩大的应重新进行安全评价。

问 76 危险化学品生产建设项目安全设施设计专篇编制依据2022 年版的 AQ/T 3033 还是 2013 年版的专篇编制导则？

答： 应依据《危险化学品建设项目安全设施设计专篇编制导则》（安监总厅管三〔2013〕39 号）现行版进行编制，建设项目全过程应按《化工建设项目安全设计管理导则》（AQ/T 3033—2022）实施安全设计管理。

> ◀ **参考**《危险化学品生产建设项目安全风险防控指南（试行）》（应急〔2022〕52 号）

7.3.1　设计单位应根据《危险化学品建设项目安全设施设计专篇编制导则》（安监总厅管三〔2013〕39 号）要求，编制建设项目安全设施设计专篇。

问 77 适用 GB 51283—2020 的精细化工企业，液氨储罐与明火地点之间如何确定防火间距？

答： 液氨为乙 A 类可燃液体，《精细化工企业工程设计防火标准》GB 51283—2020 中表 4.2.9 并未明确说明液氨储罐与明火地点的防火间距，但《煤化工工程设计防火标准》GB 51428—2020 煤化工防火规的表 4.2.5（注 11）明确提出，液氨储罐不应小于按照相对应乙 A 类（乙类）固定顶储罐防火间距。参考 GB 51428—2020，液氨储罐与明火地点防火间距可按照 GB 51283—2020 中表 4.2.9 的乙 A 固定顶储罐确定。

> ◀ **参考 1**《精细化工企业工程设计防火标准》（GB 51283—2020）表 4.2.9。

> ◀ **参考 2**《煤化工工程设计防火标准》（GB 51428—2021）

表 4.2.5（注 11）：液氨储罐不应小于乙 A 类固定顶储罐的规定。

小结： 精细化工企业固定顶液氨储罐按乙类固定顶储罐考虑和明火地点的防火间距。

问 78　精细化工企业的二氯甲烷和乙醇储罐可以布置在同一个防火堤内吗？

答： 不可以。储存极度危害和高度危害毒性液体的储罐不应与其他易燃和可燃液体储罐布置在同一防火堤内。

‹ **参考1** 根据《压力容器中化学介质毒性危害和爆炸危险程度分类标准》（HG/T 20660—2017），二氯甲烷为"高度危害"介质。

‹ **参考2** 《精细化工企业工程设计防火标准》（GB 51283—2020）

第 6.2.3 条　储存极度危害和高度危害毒性液体的储罐不应与其他易燃和可燃液体储罐布置在同一防火堤内。

小结： 精细化工企业二氯甲烷和乙醇储罐不应设置在同一个防火堤。

问 79　精细化工企业苯乙烯储罐设计执行哪个防火标准？

答： 精细化工企业苯乙烯储罐总容积不超过 5000m³、单罐容积不超过 1000m³ 时，按《精细化工企业工程设计防火标准》（GB 51283—2020）执行，超过时应按《石油化工企业设计防火标准》（GB 50160—2008，2018 年版）执行。

‹ **参考** 《精细化工企业工程设计防火标准》（GB 51283—2020）

1.0.2 及条文说明：本标准适用于罐区液化烃储罐总容积不超过 300m³、

单罐容积不超过 100m³，甲 B 和乙类液体储罐总容积不超过 5000m³、单罐容积不超过 1000m³，丙类液体储罐总容积不超过 25000m³、单罐容积不超过 5000m³，可燃气体储罐总容积不超过 5000m³、单罐容积不超过 1000m³ 的精细化工企业新建、扩建和改建工程的防火设计。

超过储罐总容积和单罐容积规模限制的精细化工企业的新建、扩建和改建工程的防火设计，应执行现行国家标准《石油化工企业设计防火标准》GB 50160—2008 等标准的有关规定。

小结： 精细化工企业苯乙烯储罐总容积不超过 5000m³、单罐容积不超过 1000m³ 时，按 GB 51283—2020 执行，超过时应按 GB 50160—2008 执行。

问 80 精细化工涉及发烟硫酸的乙类厂房与明火地点间距是否执行 30m 的规定？

答： 建议执行。

《精细化工企业工程设计防火标准》（GB 51283—2020）表 4.2.9 明确规定乙类厂房与明火地点防火间距不应小于 30m，该标准并未规定可不执行该防火间距要求的场景。

◀ 参考 1 《建筑设计防火规范》（ GB 50016—2014，2018 年版 ）

条文说明 3.1.1 表 1，发烟硫酸浓缩部位列入生产火灾危险性为乙类。

条文说明 3.1.2 表 3，发烟硫酸列入储存物品火灾危险性为乙类。

◀ 参考 2 《精细化工企业工程设计防火标准》（ GB 51283—2020 ）

3.0.1 生产及储存物品的火灾危险性分类应符合现行国家标准《建筑设计防火规范》GB 50016—2014 的规定。液化烃、可燃液体的火灾危险性分级应符合现行国家标准《石油化工企业设计防火标准》GB 50160—2008 的规定。

> **参考 3** 《精细化工企业工程设计防火标准》（GB 51283—2020）表 4.2.9。

小结： 精细化工企业乙类厂房与明火地点不应小于 30m。

问 **81** 石油化工企业采用燃烧器（有火焰）的 RCO 与甲类装置的防火间距如何确定？

答： 蓄热催化燃烧装置（RCO）加热设备采用燃烧器时（有火焰），应按明火地点考虑与甲类装置的防火间距，满足《石油化工企业设计防火标准》（GB 50160—2008，2018 年版）第 4.2.12 条规定。

> **参考**《油气回收处理设施技术标准》（GB/T 50759—2022）

4.0.10：不产生明火且处理温度低于油气引燃温度的油气处理装置，可按油气回收装置来确定与周边设施的防火间距。

4.0.12：石油化工企业、煤化工企业的油气回收装置和油气处理装置与企业内相邻设施的防火间距应符合现行国家标准《石油化工企业设计防火标准》GB 50160—2008 的规定，并应满足下列要求：1 产生明火或处理温度高于油气引燃温度的油气处理装置与周边相邻设施的防火间距，应按明火地点的防火间距确定。

小结： 石油化工企业采用燃烧器（有火焰）的 RCO 按明火地点考虑防火间距。

问 **82** 石油化工企业蓄热式焚烧炉（RTO）属于明火设备吗？

答： 石油化工企业蓄热式焚烧炉（RTO）属于明火设备，与其他装置防火距离应满足《石油化工企业设计防火标准》（GB 50160—2008，2018 年版）

第 4.2.12 条规定，与装置内其他工艺设施防火距离应满足第 5.2.1 条规定。

> **‹ 参考1** 《石油化工企业设计防火标准》（GB 50160—2008，2018 年版）术语。

2.0.8　明火设备 fired equipment

燃烧室与大气连通，非正常情况下有火焰外露的加热设备和废气焚烧设备。

条文说明：明火设备主要指明火加热炉、废气焚烧炉、乙烯裂解炉等。

> **‹ 参考2** 《油气回收处理设施技术标准》（GB/T 50759—2022）

4.0.12：石油化工企业、煤化工企业的油气回收装置和油气处理装置与企业内相邻设施的防火间距应符合现行国家标准《石油化工企业设计防火标准》GB 50160—2008 的规定，并应满足下列要求：1 产生明火或处理温度高于油气引燃温度的油气处理装置与周边相邻设施的防火间距，应按明火地点的防火间距确定。

> **‹ 参考3** 江苏省应急管理厅、生态环境厅关于印发《蓄热式焚烧炉（RTO 炉）系统安全技术要求（试行）》的通知第 4.2.1.4 条规定，RTO 属于明火设备。

小结： 石油化工企业蓄热式焚烧炉（RTO）属于明火设备。

问 **83** 对石油化工企业可燃气体放空管高度的要求是什么？

答： 受工艺条件或介质特性所限，无法排入火炬或装置处理排放系统的可燃气体，当通过排气筒、放空管直接向大气排放时，排气筒、放空管的高度应符合下列规定：

（1）连续排放的排气筒顶或放空管口应高出 20m 范围内的平台或建筑物顶 3.5m 以上，位于排放口水平 20m 以外斜上 45° 的范围内不宜布置平台或建筑物（图）；

（2）间歇排放的排气筒顶或放空管口应高出 10m 范围内的平台或建筑物顶 3.5m 以上，位于排放口水平 10m 以外斜上 45° 的范围内不宜布置平台或建筑物（图 1）；

（3）安全阀排放管口不得朝向邻近设备或有人通过的地方，排放管口应高出 8m 范围内的平台或建筑物顶 3m 以上。

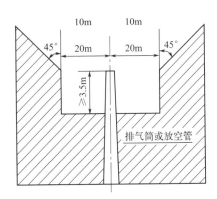

图 1　可燃气体排气筒、放空管高度示意图

注：阴影部分为平台或建筑物的设置范围。

> **参考 1**　《石油化工企业设计防火标准》（GB 50160—2008，2018 年版）第 5.5.7 条。

> **参考 2**　《化工装置设备布置设计规定》（HG/T 20546—2009）

小结： 石油化工企业当通过排气筒、放空管直接向大气排放时，排气筒、放空管的高度应满足《石油化工企业设计防火标准》（GB 50160—2008，2018 年版）第 5.5.7 条规定。

问 84　石油化工企业甲类区域生产污水排放怎么防止可燃气体反窜？

答： 设置水封。

> **参考1** 《石油化工企业设计防火标准》（GB 50160—2008, 2018 版）

7.3.3 生产污水管道的下列部位应设水封，水封高度不得小于250mm：

（1）工艺装置内的塔、加热炉、泵、冷换设备等区域围堰的排水出口；

（2）工艺装置、罐组或其他设施及建筑物、构筑物、管沟等的排水出口；

（3）全厂性的支干管与干管交汇处的支干管上；

（4）全厂性支干管、干管的管段长度超过300m时，应用水封井隔开。

条文说明：本条对生产污水管道设水封做出规定：

（1）水封高度，我国过去采用250mm，美、法、德等国都采用150mm。考虑施工误差，且不增加较多工程量，却增加了安全度，故本条仍规定不得小于250mm。

（2）生产污水管道的火灾事故各厂都曾多次发生，有的沿下水道蔓延几百米甚至上千米，数个井盖崩起，且难于扑救，所以对设置水封要求较严。过去对不太重要的地方，如管沟或一般的建筑物等往往忽视，由于下水道出口不设水封，曾发生过几次事故。例如，某炼厂在工艺阀井中进行管道补焊，阀井的排水管无水封，火星自阀井的排水管窜入下水管，400多米管道相继起火，多个井盖被崩开。又如有多个石油化工厂发生过由于厕所的排水排至生产污水管道，在其出口处没有设置水封，可燃气体自外部下水道窜入厕所内，遇有人吸烟，而引起爆炸。

（3）排水管道在各区之间用水封隔开，确保某区的排水管道发生火灾爆炸事故后，不致窜入另一区。

> **参考2** 《石油化工给水排水管道设计规范》（SH 3034—2012）

延伸阅读：《石油化工企业设计防火标准》（GB 50160—2008, 2018 版）第 7.3.2 条：生产污水排放应采用暗管或覆土厚度不小于200mm的暗沟。设施内部若必须采用明沟排水时，应分段设置，每段长度不宜超过30m，相邻两段之间的距离不宜小于 2m。

小结： 石油化工企业甲类区域生产污水排放应设置水封。

问 **85** 石油化工企业 PLC 控制室设在锅炉房且未分隔可以吗？

答： 不可以。

‹ **参考1** 《石油化工企业设计防火标准》（GB 50160—2008，2018版）

5.2.18　布置在装置内的控制室、机柜间、变配电所、化验室、办公室等的布置应符合下列规定：3 控制室、机柜间面向有火灾危险性设备侧的外墙应为无门窗洞口、耐火极限不低于 3h 的不燃烧材料实体墙。

‹ **参考2** 《建筑防火通用规范》（GB 55037—2022）

4.1.4　燃油或燃气锅炉、可燃油油浸变压器、充有可燃油的高压电容器和多油开关、柴油发电机房等独立建造的设备用房与民用建筑贴邻时，应采用防火墙分隔，且不应贴邻建筑中人员密集的场所。上述设备用房附设在建筑内时，应符合下列规定：①当位于人员密集的场所的上一层、下一层或贴邻时，应采取防止设备用房的爆炸作用危及上一层、下一层或相邻场所的措施；②设备用房的疏散门应直通室外或安全出口；③设备用房应采用耐火极限不低于 2.00h 的防火隔墙和耐火极限不低于 1.50h 的不燃性楼板与其他部位分隔，防火隔墙上的门、窗应为甲级防火门、窗。

‹ **参考3** 《锅炉房设计标准》（GB 50041—2020）

15.1.3　燃油、燃气锅炉房锅炉间与相邻的辅助间之间应设置防火隔墙，并应符合下列规定：3 锅炉间与其他辅助间之间的防火隔墙，其耐火极限不应低于 2.00h，隔墙上开设的门应为甲级防火门。

条文说明：本条是按现行国家标准《建筑设计防火规范》GB 50016—

2014 的有关规定，对锅炉房内不同耐火等级的房间之间的防火隔墙做出规定。本条为强制性条文，必须严格执行。燃油、燃气锅炉房锅炉间是可能发生闪爆的场所，为此，与辅助间之间应设置防火隔墙耐火极限不应低于 2h；隔墙上开设的门应为甲级防火门，设置后，辅助间相对安全，可按非防爆环境对待。

小结： 布置在装置内的控制室、机柜间面向有火灾危险性设备侧的外墙应为无门窗洞口、耐火极限不低于 3h 的不燃烧材料实体墙。

问 86　石油化工企业燃气锅炉燃气进口处需要设置阻火器吗？

答： 如果燃气锅炉设置有燃气和空气（或氧气）混合管路，则燃气进口管路上需要设置阻火器。

参考 1　《城镇燃气设计规范（2020 年版）》（GB 50028—2006）

10.6.7：燃气燃烧需要带压空气和氧气时，应有防止空气和氧气回到燃烧管路和回火的安全措施，并符合下列要求：2 在燃气、空气或氧气的混气管路与燃烧器之间应设阻火器；混气管路的最高压力不应大于 0.07MPa。

参考 2　《石油化工石油气管道阻火器选用、检验及验收标准》（SH/T 3413—2019）

5.0.1：当有爆炸性混合物存在的可能且无其他防止火焰传播的设施时，下列管道系统和容器应设置阻火器：a）与燃烧器连接的可燃气体输送管道。

小结： 如果燃气锅炉设置有燃气和空气（或氧气）混合管路，则燃气进口管路上需要设置阻火器。

问 87 可燃液体（闪点 64℃）中转罐放空管道连接至总的尾气管道需加阻火器吗？

答： 闪点 64℃为丙 A 类可燃液体，中转罐放空管的放空气包含空气和可燃气体，需要安装阻火器。

> **参考1** 《化工企业安全卫生设计规范》（HG 20571—2014）

4.1.11：输送可燃性物料并有可能产生火焰蔓延的放空管和管道间应设置阻火器、水封等阻火设施。

> **参考2** 《石油化工石油气管道阻火器选用、检验及验收标准》SH/T 3413—2019）

5.0.1：当有爆炸性混合物存在的可能且无其他防止火焰传播的设施时，下列管道系统和容器应设置阻火器：c) 甲 B、乙类液体储罐之间气相连通管道的分支管道，储罐顶部油气排放管道的集合管。

> **参考3** 《石油化工储运系统罐区设计规范》（SH/T 3007—2014）

5.1.9：下列储罐通向大气的通气管或呼吸阀上应安装阻火器：a) 储存甲 B、乙、丙 A 类液体的固定顶储罐和地上卧式储罐。

> **参考4** 《立式圆筒形钢制焊接储罐安全技术规范》（AQ 3053—2015）

12.2.4：阻火器

下列储罐应设置阻火器：a) 甲、乙、丙 A 类油品的固定顶储罐，其通气管或呼吸阀上应设阻火器。

延伸阅读：《压力管道安全技术监察规程—工业管道》（TSG D0001—2009）第一百三十条规定的闪点低于或者等于 43℃，或者物料最高工作压力高于或者等于物料闪点的储罐的直接放空管（包括带有呼吸阀的放空管道），适用于压力管道，不适合本问题情形。

小结： 闪点 64℃为丙 A 类可燃液体，中转罐放空管的放空气包含空气和可燃气体，需要安装阻火器。

问 **88** 液化烃球罐注水设施的设置可依据哪些标准规范？

答： 目前《石油化工企业设计防火标准》（GB 50160—2008，2018 年版）、《化工企业液化烃储罐区安全管理规范》（AQ 3059—2023）、《液化烃球罐注水设施安全技术规范》（T/CPCIF 0432—2025）等标准规范均要求符合条件的液化烃球罐设置注水设施，当球罐底部发生泄漏时，可通过该设施向球罐内注水，使液化烃和水之间的界位升高，将泄漏点置于水面下，可减少或防止液化烃泄漏。GB 50160—2008 和 AQ 3059—2023 提出了设置的原则性要求，T/CPCIF 0432—2025 则从注水水源、水量、方案、水源接入流程、球罐注入流程、注水泵、注水管道材料及连接方式、自动控制、运行管理等方面，提出了具体要求，填补了球罐注水专项标准空白，对规范和指导石油化工行业液化烃球罐注水系统的设计具有重要意义。

 ◀ 参考1 《石油化工企业设计防火标准》（GB 50160—2008，2018 年版）6.3.16。

 ◀ 参考2 《化工企业液化烃储罐区安全管理规范》（AQ 3059—2023）6.1.1 及附录 A。

 ◀ 参考3 《液化烃球罐注水设施安全技术规范》（T/CPCIF 0432—2025）

小结：《液化烃球罐注水设施安全技术规范》（T/CPCIF 0432—2025）对球罐注水提出了具体要求。

问 89　使用剧毒品作业单位是否需要设置更衣、淋浴设施？

答： 需要。

> **参考**《使用有毒物品作业场所劳动保护条例》（国务院令第 352 号，国发〔2023〕20 号修订）

第二十七条：从事使用高毒物品作业的用人单位应当设置淋浴间和更衣室，并设置清洗、存放或者处理从事使用高毒物品作业劳动者的工作服、工作鞋帽等物品的专用间。劳动者结束作业时，其使用的工作服、工作鞋帽等物品必须存放在高毒作业区域内，不得穿戴到非高毒作业区域。

小结： 使用剧毒品作业单位是否需要设置更衣、淋浴设施。

HSE

HEALTH SAFETY
ENVIRONMENT

第三章
物质危险性与重大危险源

细致辨识物质危险特性，严格把控重大危险源管理，有效防范安全事故。

——华安

问 90 重大危险源辨识和分级，厂区边界向外扩展 500m 范围内常住人口数量是否包括厂内工作人员？

答： 危险化学品重大危险源辨识和分级时，"重大危险源的厂区边界向外扩展 500m 范围内常住人口数量"，不包括重大危险源所属企业厂界范围内的工作人员，但包括该企业厂界外 500m 范围内本企业及其邻近企业职工宿舍楼里的人员。

> **参考** 应急管理部危险化学品安全监督管理一司的应急管理部官方网站答复

重大危险源辨识中 α 取值的要求是"重大危险源的厂区边界向外扩展 500m 范围内常住人口数量"，所以不包括重大危险源所属企业厂界范围内的工作人员，但包括该企业厂界外 500m 范围内本企业及其临近企业职工宿舍楼里的人员。

小结： 重大危险源辨识识别周边常住人口时，不包括重大危险源所属企业厂界范围内的工作人员，但包括该企业厂界外 500m 范围内本企业及其临近企业职工宿舍楼里的人员。

问 91 依据 GB 18218—2018 未列入表 1 的物质需要考虑工况确定临界量吗？

答： 视情况而定。

根据《危险化学品重大危险源辨识》（GB 18218—2018）辨识危险化学品重大危险源时，若生产装置或储存设施涉及的物质列入 GB 18218—2018 表 1，则按表 1 选取构成重大危险源的临界量；若生产装置或储存设施涉及的物质未列入 GB 18218—2018 表 1，该物质不是易燃液体时不需要考虑危险工况来确定构成重大危险源的临界量，该物质为易燃液体时需要考虑危险工况确定构成重大危险源的临界量。具体如下：

（1）当危险化学品物理危险性为"易燃液体，类别 2"或"易燃液体，类别 3"，且工作温度高于沸点时，该物质构成重大危险源的临界量为 10t。

（2）当危险化学品物理危险性为"易燃液体，类别 2"或"易燃液体，类别 3"，且具有引发重大事故的特殊工艺条件包括危险化工工艺、爆炸极限范围或附近操作、操作压力大于 1.6MPa 等，该物质构成重大危险源的临界量为 50t。

（3）其余危险化学品按 GB 18218—2018 表 1 和表 2 确定构成重大危险源的临界量。

> **参考**　《危险化学品重大危险源辨识》（GB 18218—2018）表1和表2。

小结： 依据 GB 18218—2018 辨识重大危险源时，危险化学品物理危险性类别为"易燃液体，类别 2"或"易燃液体，类别 3"的物质需要考虑工况确定构成重大危险源的临界量（10t、50t）。

问 **92** 混合物如何确定构成重大危险源的临界量？

答： 应委托应急管理部门公布的化学品物理危险性鉴定机构对混合物的物理危险性和急性毒性进行鉴定，再根据物理危险性和急性毒性鉴定结果综合判断构成危险化学品重大危险源的临界量。根据《危险化学品重大危险源辨识》（GB 18218—2018）第 4.2.3 条，对于危险化学品混合物，如果混合物与其纯物质属于相同危险类别，则视混合物为纯物质，按混合物整体进行计算。如果混合物与其纯物质不属于相同危险类别，则应按新危险类别考虑其临界量。

> **参考 1**　《化学品物理危险性鉴定与分类管理办法》（国家安全生产监督

管理总局令第 60 号）

⟨ **参考2** 《危险化学品重大危险源辨识》（GB 18218—2018）

小结： 混合物应根据物理危险性和急性毒性鉴定结果综合判断构成危险化学品重大危险源的临界量。

问 93 三光气重大危险源辨识的临界量是多少？

答： 500t。

二（碳酸酯）三氯甲基（别名：三光气）是一种有机化合物，化学式为 $C_3Cl_6O_3$，为白色结晶性粉末，在沸点时轻微分解，生成氯甲酸三氯甲酯和光气。根据物质危险性类别，按《危险化学品重大危险源辨识》（GB 18218—2018）表 2 划分为 J5 类，构成重大危险源的临界量为 500t。

⟨ **参考1** 《危险化学品目录（2015 版）实施指南（试行）》（安监总厅管三〔2015〕80 号）

危险化学品序号 294 三光气的主要危险性为：急性毒性 - 经口，类别 3；急性毒性 - 经皮，类别 3；急性毒性 - 吸入，类别 2；皮肤腐蚀 / 刺激，类别 1；严重眼损伤 / 眼刺激，类别 1。

⟨ **参考2** 《危险化学品重大危险源辨识》（GB 18218—2018）表 2。

小结： 三光气构成重大危险源的临界量为 500t。

问 94 甲醇钠构成重大危险源的临界量是多少？

答： 无临界量，甲醇钠不纳入重大危险源辨识范围。

⟨ **参考1** 《危险化学品目录（2015 版）实施指南（试行）》（安监总厅管

三〔2015〕80 号）

危险化学品序号为 1024 的甲醇钠的主要危险性为：自热物质和混合物，类别 1；皮肤腐蚀 / 刺激，类别 1B；严重眼损伤 / 眼刺激，类别 1。

> **参考 2** 根据《危险化学品重大危险源辨识》GB 18218—2018 表 1、表 2，危险性为自热物质和混合物、皮肤腐蚀 / 刺激、严重眼损伤 / 眼刺激的危险化学品均未纳入重大危险源辨识范围。

小结： 甲醇钠不纳入重大危险源辨识范围。

问 **95** 焦化厂里的粗苯构成重大危险源的临界量是多少？

答： 50t。

焦化厂里的粗苯是煤热解生成的粗煤气中的产物之一，经脱氨后的焦炉煤气中回收的苯系化合物，其中以苯含量为主。苯（含粗苯）是列入《重点监管的危险化学品目录》的危险化学品，依据《危险化学品分类信息表》，危险化学品序号 49 的苯和序号 167 的粗苯物理危险性类别均包括"易燃液体，类别 2"，即苯、粗苯危险性基本一致。根据《危险化学品重大危险源辨识》（GB 18218—2018）规定，粗苯构成重大危险源的临界量参考苯（纯苯）确定，即 GB 18218—2018 表 1 所列 50t。

> **参考 1** 《危险化学品目录（2015 版）实施指南（试行）》（安监总厅管三〔2015〕80 号）

> **参考 2** 《国家安全监管总局关于公布首批重点监管的危险化学品名录的通知》（安监总管三〔2011〕95 号）

> **参考 3** 《危险化学品重大危险源辨识》（GB 18218—2018）表 1。

小结： 粗苯构成重大危险源的临界量是 50t。

问 96 工业氢氟酸的重大危险源临界量是多少？

答：视情况而定。

根据《工业氢氟酸》（GB/T 7744—2023），工业氢氟酸共分为 7 种牌号，分别是 Ⅰ 类（HF-Ⅰ-40，HF-Ⅰ-55，HF-Ⅰ-70）、Ⅱ 类（HF-Ⅱ-30，HF-Ⅱ-40，HF-Ⅱ-50，HF-Ⅱ-55）。其中，除含氟化氢高于 60% 的"HF-Ⅰ-70"牌号工业氢氟酸构成重大危险源临界量为 1t 外，含氟化氢低于 60% 的其余 6 种牌号的工业氢氟酸构成重大危险源临界量为 50t。具体分析如下：

根据《危险化学品目录（2015 版）实施指南（试行)》，氟化氢 [无水]、氢氟酸 [氟化氢溶液] 的急性毒性类别均为：急性毒性 - 经口，类别 2*；急性毒性 - 经皮，类别 1；急性毒性 - 吸入，类别 2*。

根据《危险货物品名表》（GB 12268—2012），无水氟化氢、氢氟酸 [含氟化氢高于 60%] 的包装类别为 Ⅰ 类，氢氟酸 [含氟化氢不超过 60%] 的包装类别为 Ⅱ 类。根据《危险货物运输包装类别划分方法》（GB/T 15098—2008）、《化学品分类和标签规范 第 18 部分：急性毒性》（GB 30000.18—2013）有关规定，判断无水氟化氢和氢氟酸（含氟化氢高于 60%）急性毒性类别一致，无水氟化氢和氢氟酸（含氟化氢不超过 60%）急性毒性不一致。

2020 年 5 月 9 日，应急管理部对网友留言回复如下：

经与《危险化学品重大危险源辨识》（GB 18218—2018）标准起草单位沟通，工业氢氟酸属于氟化氢的混合物，按照《危险化学品重大危险源辨识》（GB 18218—2018）第 4.2.3 条"对于危险化学品混合物，如果混合物与其纯物质属于相同危险类别，则视混合物为纯物质，按混合物整体进行计算。如果混合物与其纯物质不属于相同危险类别，则应按新危险类别考虑其临界量"。

对于工业氢氟酸，重大危险源辨识所关注的危险类别只有急性毒性，如果该工业氢氟酸的急性毒性类别与氟化氢的完全相同，则其临界量应参照 GB 18218—2018 表 1 氟化氢临界量取值为 1 吨；如果该工业氢氟酸的急性毒性类别与氟化氢的不相同且属于 GB 18218—2018 表 2 所列类别范围，则应按照表 2 来确定临界量；如果该工业氢氟酸急性毒性类别不属于表 2 所列范围，则该工业氢氟酸不属于标准辨识范围内的危险化学品。

综上所述，可以认为含氟化氢高于 60% 的 "HF-Ⅰ-70" 牌号工业氢氟酸构成重大危险源的临界量与 GB 18218—2018 表 1 氟化氢一致，取值为 1t；含氟化氢低于 60% 的其余 6 种牌号的工业氢氟酸则依据其急性毒性危险性类别，按 GB 18218—2018 表 2 划分为 "J2" 类，构成重大危险源的临界量为 50t。

◁ 参考1 《危险化学品目录（2015版）实施指南（试行）》（安监总厅管三〔2015〕80号）

◁ 参考2 《危险货物运输包装类别划分方法》（GB/T 15098—2008）第 4.5 条。

根据联合国《关于危险货物运输的建议书 规章范本》（第 15 版），口服、皮肤接触以及吸入粉尘和烟雾的方式确定包装类，如下表。

表 100-1 口服、皮肤接触以及吸入粉尘和烟雾毒性物质包装类别划分表

包装类别	口服毒性 LD_{50}/（mg/kg）	皮肤接触毒性 LD_{50}/（mg/kg）	吸入粉尘和烟雾毒性 LD_{50}/（mg/L）
Ⅰ	≤5.0	≤50	≤0.2
Ⅱ	5.0<LD_{50}≤50	50<LD_{50}≤200	0.2<LD_{50}≤2.0
Ⅲ	50<LD_{50}≤500	200<LD_{50}≤1000	2.0<LD_{50}≤4.0

注：GB 12268 备注栏 CN 号为 61001～61500 中闪点<23℃的液态毒性物质：Ⅰ类包装
GB 12268 备注栏 CN 号为 61501～61999 中闪点<23℃的液态毒性物质：Ⅰ类包装

◁ 参考3 《化学品分类和标签规范 第18部分：急性毒性》（GB 30000.18—2013）

表100-2 急性毒性危害分类和定义各个类别的急性毒性估计值（ATE）

接触途径	单位	类别1	类别2	类别3	类别4	类别5
经口	mg/kg	5	50	300	2000	5000
经皮肤	mg/kg	50	200	1000	2000	
气体	mL/L	0.1	0.5	2.5	20	
蒸气	mg/L	0.5	2.0	10	20	见标准正文
粉尘和烟雾	mg/L	0.05	0.5	1.0	5	

参考4 《危险货物品名表》（GB 12268—2012）

表100-3 危险货物品名表（氢氟酸）

编号	名称和说明	类别和项别	次要危险性	包装类别
1052	无水氟化氢	8	6.1	I
1790	氢氟酸，含氟化氢高于60%	8	6.1	I
	氢氟酸，含氟化氢不超过60%	8	6.1	II

小结： 含氟化氢高于60%的"HF-I-70"牌号工业氢氟酸急性毒性与无水氟化氢一致，重大危险源临界量为1t；含氟化氢低于60%的其他牌号工业氢氟酸急性毒性与无水氟化氢不一样，重大危险源临界量为50t。

问 97 常温、常压储存的正戊烷构成重大危险源的临界量是多少？

答： 1000t。

正戊烷危险性类别包括"易燃液体，类别2"，且未列入《危险化学品重大危险源辨识》（GB 18218—2018）表1，即按 GB 18218—2018 表2确定常温储存的正戊烷构成重大危险源的临界量为 1000t（W5.3）。

参考1 《危险化学品目录（2015版）实施指南（试行）》（安监总厅管三〔2015〕80号）

危险化学品序号 2796 的正戊烷危险性类别包括"易燃液体，类别 2"。

⟨ **参考2** 《危险化学品重大危险源辨识》（GB 18218—2018）表 1、表 2。

延伸阅读：根据《危险化学品安全技术全书 . 通用卷 第三版》（化学工业出版社 .2016）"正戊烷"条目，正戊烷理化性质如下。

性状：无色液体，有微弱的薄荷香味。

沸点：36.1℃

闪点：–40℃（CC）

饱和蒸气压：53.32kPa （18.5℃）

临界压力：3.37MPa

临界温度：196.6℃

爆炸极限：1.5%～7.8%

小结：常温、常压储存的正戊烷构成重大危险源的临界量是 1000t。

问 **98** 37% 的甲醛溶液（不含甲醇）是否纳入重大危险源辨识?

答：不纳入。

37% 的甲醛溶液（不含甲醇）既非《危险化学品重大危险源辨识》表 1 直接列出的重大危险源辨识物质，其主要危险性类别也未在表 2 列出。

⟨ **参考1** 《危险化学品目录（2015 版）实施指南（试行）》（安监总厅管三〔2015〕80 号）

危险化学品序号 1173 的甲醛溶液的主要危险性类别为：急性毒性 - 经口，类别 3*；急性毒性 - 经皮，类别 3*；急性毒性 - 吸入，类别 3*；皮肤腐蚀 / 刺激，类别 1B；严重眼损伤 / 眼刺激，类别 1；皮肤致敏物，类别 1；生殖细胞致突变性，类别 2；致癌性，类别 1A；特异性靶器官毒性 - 一次接触，类别 3（呼吸道刺激）；危害水生环境 - 急性危害，类别 2。

◀ **参考2** 根据《危险化学品重大危险源辨识》（GB 18218—2018）表1，甲醛溶液未在表1列出；根据甲醛溶液主要危险性类别，同样未在表2中列出。

小结： 37% 的甲醛溶液（不含甲醇）不纳入重大危险源辨识范围。

问 99 浓硫酸和盐酸是否纳入重大危险源辨识？

答： 不纳入。

硫酸、盐酸既非《危险化学品重大危险源辨识》表1直接列出的重大危险源辨识物质，其主要危险性类别也未在表2列出。

◀ **参考1** 《危险化学品目录（2015 版）实施指南（试行）》（安监总厅管三〔2015〕80 号）

危险化学品序号 1302 的硫酸危险性类别为：皮肤腐蚀 / 刺激，类别 1A、严重眼损伤 / 眼刺激，类别 1。盐酸危险性类别为皮肤腐蚀 / 刺激，类别 1B、严重眼损伤 / 眼刺激，类别 1、特异性靶器官毒性 - 一次接触，类别 3（呼吸道刺激）、危害水生环境 - 急性危害，类别 2。

◀ **参考2** 根据《危险化学品重大危险源辨识》（GB 18218—2018）表1，浓硫酸、盐酸未在表 1 列出；根据盐酸、浓硫酸主要危险性类别，同样未在表 2 中列出。

小结： 浓硫酸和盐酸不纳入重大危险源辨识。

问 100 氨水（20%）是否纳入重大危险源辨识？

答： 不纳入。

氨水（20%）既非《危险化学品重大危险源辨识》表 1 直接列出的重大危险源辨识物质，其主要危险性类别也未在表 2 列出。

‹ **参考 1** 《危险化学品目录（2015 版）实施指南（试行）》（安监总厅管三〔2015〕80 号）

危险化学品序号 35 的氨水［含氨＞10%］的危险性类别为：皮肤腐蚀/刺激，类别 1B；严重眼损伤/眼刺激，类别 1；特异性靶器官毒性-一次接触，类别 3（呼吸道刺激）；危害水生环境-急性危害，类别 1。

‹ **参考 2** 根据《危险化学品重大危险源辨识》（GB 18218—2018）表 1，氨水（20%）在表 1 未列出；根据氨水（20%）主要危险性类别，同样未在 GB 18218 表 2 中列出。

小结： 氨水（20%）不纳入重大危险源辨识。

问 101 二氯甲烷是否需要进行重大危险源辨识？

答： 不纳入重大危险源辨识范围。

‹ **参考 1** 《危险化学品目录（2015 版）实施指南（试行）》（安监总厅管三〔2015〕80 号）

二氯甲烷序号 541，其危险性类别为：皮肤腐蚀/刺激，类别 2；严重眼损伤/眼刺激，类别 2A；致癌性，类别 2；特异性靶器官毒性-一次接触，类别 1；特异性靶器官毒性-一次接触，类别 3（麻醉效应）；特异性靶器官毒性-反复接触，类别 1。

‹ **参考 2** 《危险化学品重大危险源辨识》（GB 18218—2018）

二氯甲烷未列入表 1，危险性分类也未涉及表 2 需要界定危险化学品临界量的类别，因此二氯甲烷不需重大危险源辨识。

小结： 二氯甲烷不纳入重大危险源辨识范围。

问 102　自反应物质和自热物质有什么区别？

答： 二者区别在于自反应物质不需要空气（氧气）即可发生激烈放热分解，自热物质则需要空气（氧气）但不需要额外能量。

◄ **参考1** 《化学品分类和标签规范　第9部分：自反应物质和混合物》（GB 30000.9—2013）术语和定义第3.1条。

自反应物质或混合物：即使没有氧（空气）也容易发生激烈放热分解的热不稳定液态或固态物质或者混合物。本定义不包括根据GHS分类为爆炸物、有机过氧化物或氧化性物质和混合物。

◄ **参考2** 《化学品分类和标签规范　第12部分：自热物质和混合物》（GB 30000.12—2013）术语和定义第3.1条。

自热物质：除自燃液体或自燃固体外，与空气反应不需要能量供应就能够自热的固态或液态物质或混合物；此物质或混合物与自燃液体或自燃固体不同之处在于仅在大量（公斤级）并经过长时间（数小时或数天）才会发生自燃。

小结： 自反应物质和自热物质区别在于自反应物质不需要空气（氧气）即可发生激烈放热分解，自热物质则需要空气（氧气）但不需要额外能量。

问 103　石油化工企业中液氨是可燃液体还是易燃液体？是否有标准依据？

答： 依据《石油化工企业设计防火标准》GB 50160—2008，液氨是乙A类可燃液体。

‹ **参考1** 《石油化工企业设计防火标准》（GB 50160—2008，2018 年版）条文说明 3.0.1 表 2。

液化烃、可燃液体的火灾危险性分类举例中，液氨为乙 A 类。

‹ **参考2** 《石油化工企业设计防火标准》（GB 50160—2008，2018 年版）条文说明 3.0.2（4）。

在国内外的有关规范中，对烃类液体和醇、醚、醛、酮、酸、酯类及氨、硫、卤素化合物的称谓有两种：有的按闪点细分为"易燃液体和可燃液体"，有的统称为"可燃液体"。本标准采用后者，统称为"可燃液体"。

小结：《石油化工企业设计防火标准》火灾危险性分类举例中，液氨是乙 A 类可燃液体。

问 **104** 1，2- 丙二醇、丙三醇、乙二醇是否属于危险化学品？

答： 均不属于危险化学品。

‹ **参考1** 《危险化学品目录（2015 版）》（2022 年应急部等十部委调整）

‹ **参考2** 《危险化学品目录（2015 版）实施指南（试行）》（安监总厅管三〔2015〕80 号）

危险化学品的确定原则为依据化学品分类和标签国家标准（GB 30000 系列），从下列危险和危害特性类别中确定：物理危险、健康危害、环境危害。

对 1,2- 丙二醇、丙三醇、乙二醇三种化学品分析如下：

（1）物理危险。根据化学品物理危险性鉴定与分类技术委员会公布的《关于印发免于物理危险性鉴定与分类的化学品目录（第一批）的通知》（技术委员会〔2016〕1 号）表 1，1,2- 丙二醇、丙三醇、乙二醇，均属于不具有物理危险性的化学品。

（2）健康危害。1,2-丙二醇、丙三醇、乙二醇均不属于具有健康危害的危险化学品。根据金泰廙、王祖兵主编《化学品毒性全书》（2020年，上海科学技术文献出版社），按《化学品分类和标签规范 第18部分：急性毒性》（GB 30000.18—2013）判定化学品健康危害类别如下：

① 1,2-丙二醇。CAS：57-55-6；急性毒性-经口，无资料；急性毒性-吸入，类别2

② 乙二醇。CAS：107-21-1；急性毒性-经口，类别4；急性毒性-吸入，无资料

③ 丙三醇（别名：甘油）。CAS：56-81-5，没有列入本书中，甘油可以用于化妆品和食品，所以不属于有健康危害的危险化学品。

（3）环境危害。1,2-丙二醇、丙三醇、乙二醇，不属于具有环境危害的危险化学品。根据MSDS，与化学品分类和标签国家标准（GB 30000系列第28部分、第29部分），所述环境危害相关的资料如下：

物质名称	CAS No.	生态毒性	是否列入《蒙特利尔议定书》的附件	判定
1,2-丙二醇	57-55-6	无资料	否	依据GB 30000.28—2013附录A，图A.1，图A.4和图A.5，均不属于急性（短期）水生危害类别，也不属于长期危害类别。 依据GB 30000.29—2013附录B，不属于危害臭氧层物质
丙三醇	56-81-5	无资料（无MSDS）	否	
乙二醇	107-21-1	LC50： 虹鳟：228100mg/L（96h）； 模糊网纹溞：10000mg/L（48h） ErC50： 羊角月牙藻：10940mg/L（72h） NOEC： 黑头呆鱼：15380mg/L（7d）； 模糊网纹溞：8590mg/L（7d）	否	

小结： 1,2-丙二醇、丙三醇、乙二醇均不属于危险化学品。

问 105　发烟硫酸的火灾危险性分类是什么？

答： 发烟硫酸不属于《危险化学品目录（2015 版）实施指南（试行）》所规定的氧化性物质，但 GB 50016—2014、GB 50160—2008 等根据其引起火灾的风险将部分涉及发烟硫酸场所火灾危险性划为乙类。

‹ 参考 1 《建筑设计防火规范》（ GB 50016—2014，2018 年版 ）

条文说明 3.1.1 表 1，举例发烟硫酸浓缩部位生产火灾危险性为乙类；

条文说明 3.1.2 表 3，举例发烟硫酸储存物品火灾危险性为乙类。

‹ 参考 2 《石油化工企业设计防火标准》（ GB 50016—2014，2018 年版 ）

条文说明 4.2.12 续表 6/Ⅰ基本有机化工原料及产品，举例发烟硫酸磺化单元火灾危险性类别为乙类。

‹ 参考 3 《危险化学品目录（2015 版）实施指南（试行）》（安监总厅管三〔2015〕80 号）

小结： 根据现行国家标准条文说明，发烟硫酸火灾危险性类别为乙类。

问 106　混合物中危险化学品组分小于 70% 的需要办理行政许可吗？

答： 不需要。

混合物中危险化学品组分不小于 70% 时需要办理行政许可，小于 70% 时不需要办理行政许可，但若混合物鉴定为危险化学品时应办理危险化学品登记。

< **参考1** 《危险化学品目录（2015 版）实施指南（试行）》（安监总厅管三〔2015〕80 号）

第五条：主要成分均为列入《目录》的危险化学品，并且主要成分质量比或体积比之和不小于 70% 的混合物（经鉴定不属于危险化学品确定原则的除外），可视其为危险化学品并按危险化学品进行管理，安全监管部门在办理相关安全行政许可时，应注明混合物的商品名称及其主要成分含量。

< **参考2** 《危险化学品目录（2015 版）实施指南（试行）》（安监总厅管三〔2015〕80 号）

第六条：对于主要成分均为列入《目录》的危险化学品，并且主要成分质量比或体积比之和小于 70% 的混合物或危险特性尚未确定的化学品，生产或进口企业应根据《化学品物理危险性鉴定与分类管理办法》（国家安全监管总局令第 60 号）及其他相关规定进行鉴定分类，经过鉴定分类属于危险化学品确定原则的，应根据《危险化学品登记管理办法》（国家安全监管总局令第 53 号）进行危险化学品登记，但不需要办理相关安全行政许可手续。

小结： 混合物中危险化学品组分不小于 70% 时需要办理行政许可，小于 70% 时不需要办理行政许可，但若混合物鉴定为危险化学品时应办理危险化学品登记。

问 **107** 浓度低于 8% 的双氧水是否属于危险货物？

答： 浓度低于 8% 的双氧水不是危险货物。

< **参考** 《危险货物运输规则 第 3 部分：品名及运输要求索引》（JT/T 617.3—2018）附录 B65 条：过氧化氢水溶液如过氧化氢含量少于 8%，

则不受 JT/T 617.1—2018 ~ JT/T 617.7—2018 限制。

问 **108** 27.5%、50% 等不同浓度双氧水火灾危险类别如何划分？

答： 不同浓度双氧水火灾危险类别划分如下：含量 >60% 的双氧水划分为甲类，20% ≤含量≤ 60% 的双氧水和 8% ≤含量＜ 20% 的双氧水均划分为乙类，含量 <8% 的双氧水划分为戊类。具体分析如下：

在危险货物运输标准体系中，《危险货物品名表》（GB 12268—2012）和《危险货物道路运输规则 第 3 部分：品名及运输要求索引》（JT／T 617.3—2018）对不同浓度双氧水危险性类别和包装分类如下：①含量＞ 60% 的双氧水具有氧化性，危险分类为 5.1，次要危险性为第 8 类，Ⅰ类包装；② 20% ≤含量≤ 60% 的双氧水具有氧化性，危险分类为 5.1，次要危险性为第 8 类，Ⅱ类包装；③ 8% ≤含量＜ 20% 的双氧水具有氧化性，危险分类为 5.1，无次要危险性，Ⅲ类包装，特殊规定第 65 条，即如果过氧化氢含量小于 8%，不作为危险货物运输。

《危险化学品目录（2015 版）实施指南（试行）》《易制爆危险化学品名录》（2017 年版）对不同浓度双氧水危险性类别分类如下：①含量≥ 60%，氧化性液体，类别 1；② 20% ≤含量＜ 60%，氧化性液体，类别 2；③ 8% ≤含量＜ 20%，氧化性液体，类别 3。

综上所述，不同浓度氧化性类别是极为清晰的，即浓度不低于 60% 的双氧水为强氧化剂，浓度 8%～60% 之间的双氧水为氧化剂，浓度低于 8% 的双氧水为不具有氧化危险性且未列入《危险化学品目录（2015 版）》。结合《建筑设计防火规范》GB 50016—2014 关于氧化剂火灾危险性分类规定，浓度不低于 60% 的双氧水为甲类，浓度 8%～60% 之间的双氧水为乙类，浓度低于 8% 的双氧水为戊类。

> ‹ **参考1** 《危险货物品名表》（GB 12268—2012）

UN2014、UN2015、UN2984 条目。

> ‹ **参考2** 《危险化学品目录（2015 版）实施指南（试行）》（安监总厅

管三〔2015〕80 号）及其附件《危险化学品分类信息表》。

> ‹ **参考3** 《易制爆危险化学品名录》（2017 年版）

> ‹ **参考4** 《危险货物道路运输规则 第 3 部分：品名及运输要求索引》

（JT/T 617.3—2018）附录 A。

> ‹ **参考5** 《建筑设计防火规范》（GB 50016—2014，2018 版）

3.1.3 及条文说明。

小结： 浓度不低于 60% 的双氧水火灾危险性划分为甲类；浓度 8% ≤ 含
量 ≤ 60% 的双氧水火灾危险性划分为乙类；浓度低于 8% 的双氧水火灾危
险性划分为戊类。

问 **109** 三氯化氮危险性有哪些？

答： 三氯化氮（NCl_3），CAS No.10025-85-1，未列入《危险化学品目录
（2015 版）》。

三氯化氮理化性质手册及相关文献，其物理化学性质及危险性如下：

常温下为黄色油状液体，熔点 –40℃，沸点 71℃，自燃爆炸温度 95℃。
三氯化氮不稳定，易分解爆炸。液体加热到 60～95℃，会发生爆炸。温度
60℃时在震动或超声波条件下，可分解爆炸。在光照或碰撞能的影响下，
更易爆炸。空气中爆炸时温度约为 1700℃，密闭容器中爆炸，温度可达
2128℃，压力可达约 540MPa。纯的三氯化氮和臭氧、橡胶、油类有机物接
触或撞击时，会发生爆炸，并分解出氯气和氮气。

小结： 三氯化氮的主要危险为自燃爆炸风险，且释放剧毒的氯气。

问 110　液化一甲胺是否属于液化烃？

答： 液化一甲胺属于液化烃。

一甲胺，化学式为 CH_3NH_2，常温常压下为无色气体，闪点 0℃，爆炸极限 5%～21%，15℃时蒸气压大于 0.1MPa。液化一甲胺符合石化规范中的液化烃定义。

> **参考**　《石油化工企业设计防火标准》（GB 50160—2008，2018 年版）

2.0.19　液化烃：在 15℃时，蒸气压大于 0.1MPa 的烃类液体及其他类似的液体。

小结： 液化一甲胺属于液化烃。

问 111　氧含量高低对人体有哪些危害？工作场所中氧含量的报警值是多少？

答： 欠氧环境可能造成窒息，富氧环境可能造成醉氧中毒。欠氧环境报警值建议为 19.5%，过氧（富氧）环境报警值建议为 23.5%。

> **参考 1**　《缺氧危险作业安全规程》（GB 8958—2006）

作业场所的氧含量应在 19.5% 以上。

> **参考 2**　《石油化工可燃气体和有毒气体检测报警设计标准》（GB/T 50493—2019）5.5.2（4）。

环境氧气的过氧报警设定值宜为 23.5%（体积分数），环境欠氧报警设定值宜为 19.5%（体积分数）。

◁ 参考3 《危险化学品企业特殊作业安全规范》（GB 30871—2022）

第6.4条

受限空间内气体检测内容及要求如下：a) 氧气含量为19.5%～21%（体积分数），在富氧环境下不应大于23.5%（体积分数）。

小结：欠氧环境可能造成窒息，富氧环境可能造成醉氧中毒。欠氧环境报警值建议为19.5%，过氧（富氧）环境报警值建议为23.5%。

问 112 环氧乙烷急性毒性如何确定？

答：环氧乙烷为：急性毒性 - 吸入，类别3*。

◁ 参考 《危险化学品目录（2015版）实施指南（试行）》（安监总厅管三〔2015〕80号）

危险化学品序号981的环氧乙烷危险性类别：急性毒性 - 吸入，类别3*。

【延伸阅读1】《压力容器中化学介质毒性危害和爆炸危险程度分类标准》（HG/T 20660—2017）将环氧乙烷列入极度危害（Ⅰ级）。

【延伸阅读2】根据《职业性接触毒物危害程度分级》（GBZ 230—2010），明确致癌物应直接列为极度危害（Ⅰ级）。

小结：环氧乙烷为急性毒性 - 吸入，类别3*。

问 113 危险化学品储罐重大危险源辨识按最大充装量还是最大设计量？

答：根据GB 18218及化学品安全分标委的复函，危险化学品储罐重大危险源应按设计文件中允许的最大量进行辨识，且该设计最大量是重大危险源的设计单位在其设计文件中确定的最大允许量，不应超过相关标准规范的规定。

‹ **参考1** 《危险化学品重大危险源辨识》(GB 18218—2018)

4.2.2 危险化学品储罐以及其他容器、设备或仓储区的危险化学品的实际存在量按设计最大量确定。

‹ **参考2** 中国安科院关于化学品安全分标委《危险化学品重大危险源辨识》相关标准内容查询的复函（2021 年 8 月 2 日）

对于危险化学品储罐，设计最大量是重大危险源的设计单位在其设计文件中确定的最大允许量，该设计最大量不应超过相关标准规范的规定。

小结： 危险化学品储罐重大危险源应按设计文件中允许的最大量进行辨识，且该设计最大量是重大危险源的设计单位在其设计文件中确定的最大允许量，不应超过相关标准规范的规定。

问 **114** 低浓度硝酸水溶液是否属于易制爆危险化学品?

答： 视情况而定。

《易制爆危险化学品名录（2017 年版)》列出的硝酸未明确浓度，但一般认为该硝酸水溶液浓度不低于 70%。参考氧化性液体分类标准，可以考虑将浓度低于 65% 的硝酸水溶液不划分为易制爆危险化学品。

‹ **参考1** 《危险化学品重大危险源辨识》(GB 18218—2018) 表1。

硝酸（含硝酸大于 70%)，CAS 登记号为 7697-37-2，临界量为 100t。

‹ **参考2** 《易制爆危险化学品名录（2017 年版)》列出的硝酸 CAS 登记号为 7697-37-2，主要 GHS 危险性类别为"氧化性液体 – 类别 3"。

‹ **参考3** 《化学品分类和标签规范 第 14 部分：氧化性液体》(GB 30000.14—2013) 表 1 中"氧化性液体，类别 3"分类标准。

受试物质（或混合物）与纤维素之比按质量 1∶1 的混合物进行试验时，

显示的平均压力上升时间小于或等于65%硝酸水溶液与纤维素之比按质量1:1的混合物的平均压力上升时间；并且不符合类别1和类别2的标准的任何物质或混合物。

参考4 CAS登记号为7697-37-2的硝酸《国际化学品安全卡》（ICSC编号：0183）

国际化学品安全卡			
硝酸			ICSC编号：0183
中文名称：硝酸；浓硝酸（70%） 英文名称：NITRIC ACID；Concentrated Nitric Acid（70%）			
CAS登记号：7697-37-2 RTECS号：QU5775000 UN编号：2031 EC编号：007-004-00-1		中国危险货物编号：2031 分子量：63.0 化学式：HNO_3	
危害接触类型	急性危险/症状	预防	急救/消防
火灾	不可燃，但可助长其他物质燃烧。在火焰中释放出刺激性或有毒烟雾（或气体）。加热引起压力升高,容器有破裂危险	禁止与易燃物质接触。禁止与可燃物质或有机化学品接触	周围环境着火时，禁止使用泡沫灭火剂
爆炸	与许多普通有机化合物接触时，有着火和爆炸危险		着火时，喷雾状水保持料桶等冷却
接触		避免一切接触	一切情况均向医生咨询
吸入	灼烧感，咳嗽，呼吸困难，呼吸短促，咽喉痛，症状可能推迟显现（见注解）	通风，局部排气通风或呼吸防护	新鲜空气，休息，半直立体位，必要时进行人工呼吸，立即给予医疗护理
皮肤	严重皮肤烧伤。疼痛。黄色斑渍	防护手套。防护服	脱去污染的衣服。用大量水冲洗皮肤或淋浴。给予医疗护理
眼睛	发红。疼痛。烧伤	面罩，或眼睛防护结合呼吸防护	先用大量水冲洗（如可能易行，摘除隐形眼镜）。立即给予医疗护理
食入	咽喉疼痛。腹部疼痛。咽喉和胸腔灼烧感。休克或虚脱。呕吐	工作时不得进食，饮水或吸烟	不要催吐。饮用1杯或2杯水。休息。给予医疗护理

小结： 参考氧化性液体分类标准，可以考虑将浓度低于 65% 的硝酸水溶液不划分为易制爆危险化学品。

问 115　液硫是否属于易制爆危险化学品？

答： 是易制爆危险化学品。

液硫是硫黄的液体状态，仅是对液体硫黄的简称。

‹ **参考** 《易制爆危险化学品名录（2017 年版）》将硫黄列入。

小结： 液硫是易制爆危险化学品。

问 116　丙烷是重点监管的危险化学品吗？

答： 是。

‹ **参考 1** 《危险化学品目录（2015 版）实施指南（试行）》（安监总厅管三〔2015〕80 号）

危险化学品序号 139 的丙烷的危险性类别为：易燃气体，类别 1。

‹ **参考 2** 《危险化学品安全技术全书 . 通用卷 第三版》（化学工业出版社 .2016）"丙烷"条目，丙烷爆炸极限为 2.1% ~ 9.5%。

‹ **参考 3** 《国家安全监管总局关于公布首批重点监管的危险化学品名录的通知》（安监总管三〔2011〕95 号）

第一条：重点监管的危险化学品是指列入《名录》的危险化学品以及在温度 20℃和标准大气压 101.3kPa 条件下属于以下类别的危险化学品：

（1）易燃气体类别 1（爆炸下限 ≤ 13% 或爆炸极限范围 ≥ 12% 的气体）；

（2）易燃液体类别 1（闭杯闪点 < 23℃并初沸点 ≤ 35℃的液体）；

（3）自燃液体类别 1（与空气接触不到 5 分钟便燃烧的液体）；

（4）自燃固体类别 1（与空气接触不到 5 分钟便燃烧的固体）；

（5）遇水放出易燃气体的物质类别 1（在环境温度下与水剧烈反应所产生的气体通常显示自燃的倾向，或释放易燃气体的速度等于或大于每公斤物质在任何 1 分钟内释放 10 升的任何物质或混合物）；

（6）三光气等光气类化学品。

小结： 丙烷是重点监管的危险化学品。

问 **117** 甲醇钠甲醇溶液（28.5%）是否属于重点监管危险化学品？

答： 不属于。

甲醇钠甲醇溶液既未在《重点监管的危险化学品名录》中直接列出，其主要危险性类别为"易燃液体，类别 2"也不符合重点监管的危险化学品分类原则。

◁ **参考1** 《国家安全监管总局关于公布首批重点监管的危险化学品名录的通知》（安监总管三〔2011〕95 号）和《国家安全监管总局关于公布第二批重点监管危险化学品名录的通知》（安监总管三〔2013〕12 号）

◁ **参考2** 《危险化学品目录（2015 版）实施指南（试行）》（安监总厅管三〔2015〕80 号）

危险化学品序号 1025 的甲醇钠甲醇溶液危险性类别为：易燃液体，类别 2。

◁ **参考3** 《国家安全监管总局关于公布首批重点监管的危险化学品名录的通知》（安监总管三〔2011〕95 号）第一条。

重点监管的危险化学品是指列入《名录》的危险化学品以及在温度 20℃和标准大气压 101.3kPa 条件下属于以下类别的危险化学品：

1）易燃气体类别 1（爆炸下限≤13% 或爆炸极限范围≥12% 的气体）；

2）易燃液体类别 1（闭杯闪点 < 23℃并初沸点≤35℃的液体）；

3）自燃液体类别 1（与空气接触不到 5 分钟便燃烧的液体）；

4）自燃固体类别 1（与空气接触不到 5 分钟便燃烧的固体）；

5）遇水放出易燃气体的物质类别 1（在环境温度下与水剧烈反应所产生的气体通常显示自燃的倾向，或释放易燃气体的速度等于或大于每公斤物质在任何 1 分钟内释放 10 升的任何物质或混合物）；

6）三光气等光气类化学品。

小结： 甲醇钠甲醇溶液（28.5%）不属于重点监管的危险化学品。

问 118 活性炭粉尘是爆炸性粉尘吗？

答： 是。

在大气条件下，可燃性物质以粉尘、纤维或飞絮的形式与空气形成的混合物，被点燃后，能够保持燃烧自行传播的环境称为爆炸性粉尘环境。

◀ **参考 1** 《爆炸危险环境电力装置设计规范》（GB 50058—2014）

2.0.20 可燃性粉尘：在空气中能燃烧或无焰燃烧并在大气压和正常温度下能与空气形成爆炸性混合物的粉尘、纤维或飞絮。

◀ **参考 2** 《爆炸性环境 第 35 部分：爆炸性粉尘环境场所分类》（GB/T 3836.35—2021）

3.5 爆炸性粉尘环境：在大气条件下，可燃性物质以粉尘、纤维或飞絮的形式与空气形成的混合物，被点燃后，能够保持燃烧自行传播的环境。

小结： 活性炭粉尘是爆炸性粉尘。

问 119 石墨粉是否属于爆炸性粉尘？

答： 是。

石墨粉为ⅢC级可燃性导电粉尘，与空气混合可形成爆炸性粉尘环境。可燃性粉尘分级：ⅢA级为可燃性飞絮、ⅢB级为非导电性粉尘、3ⅢC级为导电性粉尘，石墨粉为ⅢC级可燃性导电粉尘。

◁ 参考1 《爆炸危险环境电力装置设计规范》（GB 50058—2014）

条文说明4.1.2 本条中可燃性粉尘的分级采用了《爆炸性气体环境 第10-2部分：区域分类 可燃性粉尘环境》IEC 60079-10-2中的方法，也与粉尘防爆设备制造标准协调一致。

常见的ⅢA级可燃性飞絮如棉花纤维、麻纤维、丝纤维、毛纤维、木质纤维、人造纤维等。

常见的ⅢB级可燃性非导电粉尘如聚乙烯、苯酚树脂、小麦、玉米、砂糖、染料、可可、木质、米糠、硫黄等粉尘。

常见的ⅢC级可燃性导电粉尘如石墨、炭黑、焦炭、煤、铁、锌、钛等粉尘。

◁ 参考2 《爆炸性环境 第35部分：爆炸性粉尘环境场所分类》（GB/T 3836.35—2021）

3.5 爆炸性粉尘环境：在大气条件下，可燃性物质以粉尘、纤维或飞絮的形式与空气形成的混合物，被点燃后，能够保持燃烧自行传播的环境。

◁ 参考3 《中国消防手册 第7卷 危险化学品·特殊毒剂·粉尘》中明确石墨粉尘为爆炸性粉尘。

小结： 石墨粉属于爆炸性粉尘。

问 120　连二亚硫酸钠是否属于可燃性粉尘？

答：连二亚硫酸钠，俗称保险粉。未直接纳入可燃性粉尘目录，建议委托有资质的化学品物理危险性鉴定机构鉴定确认。

> **参考** 《爆炸性环境　第12部分：可燃性粉尘物质特性　试验方法》（GB/T 3836.12—2019）

小结：应根据化学品物理危险性鉴定确定粉尘是否为可燃性粉尘。

问 121　甲基烯丙醇聚氧乙烯醚的固体产品是爆炸性粉尘吗？

答：甲基烯丙醇聚氧乙烯醚未直接纳入可燃性粉尘目录，建议委托有资质的化学品物理危险性鉴定机构鉴定确认。

> **参考1** 《爆炸性环境　第12部分：可燃性粉尘物质特性　试验方法》（GB/T 3836.12—2019）

小结：应根据化学品物理危险性鉴定确定粉尘是否为可燃性粉尘。

问 122　精细化工企业可以直接使用空气气力输送可燃粉尘吗？

答：不可以。

可能被点燃引爆的可燃粉尘（粒）采用气力输送时，输送气体应采用氮气、惰性气体或充入这些气体的空气，其氧气浓度应根据可燃粉尘（粒）的极限氧浓度（LOC）确定，并应符合下列规定：

（1）具有氧气浓度连续监控和安全联锁的场合，当LOC不小于5%（体积）时，安全余量不应小于2%（体积）；当LOC小于5%（体积）时，氧气浓度不应大于 LOC 的 60%。

（2）无氧气浓度连续监控和安全联锁的场合，当 LOC 不小于 7.5%（体积）时，安全余量不应小于 4.5%（体积）；当 LOC 小于 7.5%（体积）时，氧气浓度不应大于 LOC 的 40%。

参考 《精细化工企业工程设计防火标准》（GB 51283—2020）第 5.1.4 条。

小结： 精细化工企业不可以直接使用空气气力输送可燃粉尘。

第四章

防火、防爆、防毒
与防护目标

系统构建防火、防爆、防毒多重防护屏障，切
实守护关键防护目标，确保生产环境安全无虞。

——华安

问 123 个人风险、社会风险、防护目标的具体含义是什么？

答： 根据《危险化学品生产装置和储存设施风险基准》（GB 36894—2018），个人风险、社会风险、防护目标定义如下：

（1）个人风险：假设人员长期处于某一场所且无保护，由于发生危险化学品事故而导致的死亡频率，单位为次 / 每年。

（2）社会风险：群体（包括周边企业员工和公众）在危险区域承受某种程度伤害的频发程度，通常表示为大于或等于 N 人死亡的事故累计频率（F），以累计频率和死亡人数之间关系的曲线图（F-N 曲线）来表示。

（3）防护目标：受危险化学品生产装置和储存设施事故影响，场外可能发生人员伤亡的设施或场所。防护目标按设施或场所实际使用的主要性质，分为高敏感防护目标、重要防护目标、一般防护目标。

（4）防护目标个人风险基准：危险化学品生产装置和储存设施周边防护目标所承受的个人风险应不超过表 1 中个人风险基准的要求。

表 1 个人风险基准

防护目标	个人风险基准/（次/年）≤	
	危险化学品新建、改建、扩建生产装置和储存设施	危险化学品在役生产装置和储存设施
高敏感防护目标 重要防护目标 一般防护目标中的一类防护目标	$3×10^{-7}$	$3×10^{-6}$
一般防护目标中的二类防护目标	$3×10^{-6}$	$1×10^{-5}$
一般防护目标中的三类防护目标	$1×10^{-5}$	$3×10^{-5}$

（5）社会风险基准

通过两条风险分界线将社会风险划分为 3 个区域，即：不可接受区、尽可能降低区和可接受区。具体分界线位置如图 1 所示。

1）若社会风险曲线进入不可接受区，应立即采取安全改进措施降低社会风险。

2）若社会风险曲线进入尽可能降低区，则应在可实现的范围内，尽可能采取安全改进措施降低社会风险。

3）若社会风险曲线全部落在可接受区，则该风险可接受。

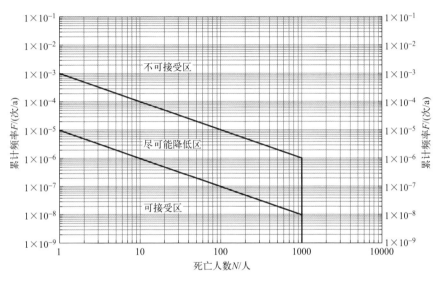

图1 社会风险基准

> **参考** 《危险化学品生产装置和储存设施风险基准》（GB 36894—2018）

小结：《危险化学品生产装置和储存设施风险基准》（GB 36894—2018）定义了个人风险、社会风险、防护目标的概念和具体含义，用于风险评价。

问 **124** 化工企业外部安全防护距离怎么确定？

答： 需要根据具体情况确定。

对于企业外部防护目标，与危险化学品生产装置和储存设施的安全防护距离应同时满足三个条件：①防火间距 / 安全距离符合有关标准规定（GB 50160—2008、GB 51283—2020、GB 50984—2014 等）；②个人风险和社会风险符合《危险化学品生产装置和储存设施风险基准》（GB 36894—2018）规定；③涉及爆炸品时，周围防护目标所承受的爆炸冲击波超压低于超压安全阈值。

◁ 参考 1　《危险化学品生产装置和储存设施外部安全防护距离确定方法》（GB/T 37243—2019）

4.2　涉及爆炸物的危险化学品生产装置和储存设施应采用事故后果法确定外部安全防护距离。

4.3　涉及有毒气体或易燃气体，且其设计最大量与 GB 18218—2018中规定的临界量比值之和大于或等于 1 的危险化学品生产装置和储存设施应采用定量风险评价方法确定外部安全防护距离。当企业存在上述装置和设施时，应将企业内所有的危险化学品生产装置和储存设施作为一个整体进行定量风险评估，确定外部安全防护距离。

4.4　本标准 4.2 及 4.3 规定以外的危险化学品生产装置和储存设施的外部安全防护距离应满足相关标准规范的距离要求。

◁ 参考 2　《危险化学品生产装置和储存设施风险基准》（GB 36894—2018）

延伸阅读：《危险化学品生产装置和储存设施外部安全防护距离确定方法》（GB/T 37243—2019）注释：2000Pa 阈值为对建筑物基本无破坏的上限；5000Pa 阈值为对建筑物造成次轻度破坏（2000～9000Pa）的中等偏下，有可能造成玻璃全部破碎，瓦屋面少量移动，内墙面抹灰少量掉落；9000Pa阈值为造成建筑物次轻度破坏（2000～9000Pa）的上限，有可能造成房屋建筑物部分破坏不能居住，钢结构的建筑轻微变形，对钢筋混凝土柱无损坏；以上阈值基本不会对室外人员造成直接死亡。

小结： 外部安全防护距离应同时满足两个条件：①防火间距和安全距离满足有关标准的直接规定；②个人风险和社会风险满足 GB 36894—2018 规定，涉及爆炸品时防护目标所承受的爆炸冲击波超压低于超压安全阈值。

问 125　什么是化工装置多米诺效应？怎么评估？

答： 化工装置多米诺效应指化工装置初始事故（火灾或爆炸）产生超压、热辐射、破片等破坏效应，作用于周边装置引发多个次生事故（爆炸、火灾或泄漏），次生事故的破坏效应在具体环境下相互耦合引发更深层次的事故，生成多条事故链的现象。

2019～2023 年，应急管理部印发《化工园区安全风险排查治理导则》，提出化工园区和危险化学品建设项目应进行多米诺效应分析，提出安全风险防范措施。

2022 年，应急管理部、国家发展和改革委员会、工业和信息化部、国家市场监督管理总局四部门联合印发《危险化学品生产建设项目安全风险防控指南（试行）》（应急〔2022〕52 号），提出应针对建设项目对周边危险源的影响、周边危险源对建设项目的影响进行多米诺效应分析。多米诺效应分析应计算分析危险源火灾、爆炸影响范围，确定多米诺效应影响半径，给出可能受多米诺效应影响的危险源清单，提出消除、降低、管控安全风险的措施建议，并在工程设计阶段有效落实。如重大变更引起多米诺效应发生变化，应重新进行分析并提出消除、降低、管控安全风险的措施。

> **参考1**　《化工园区安全风险排查治理导则》（应急〔2023〕123 号）

4.3　化工园区应评估化工园区布局的安全性和合理性，对多米诺效应进行分析，采取安全风险防范措施，降低区域安全风险，避免多米诺效应。

4.4　化工园区内危险化学品建设项目和危险化学品企业安全评价报告

应对项目（企业）与周边企业的相互影响进行多米诺效应分析，优化平面布局。

术语 3　多米诺效应分析

为避免化工园区内一个企业的危险源发生生产安全事故引起其他企业的危险源相继发生生产安全事故，造成企业内安全风险外溢，事故影响扩大升级，多米诺效应分析应计算分析危险源火灾、爆炸影响范围，确定多米诺效应影响半径，给出可能受多米诺效应影响的危险源清单，提出消除、降低、管控安全风险的措施建议，并在工程设计阶段有效落实。如重大变更引起多米诺效应发生变化，应重新进行分析并提出消除、降低、管控安全风险的措施。

◀ **参考 2**　《危险化学品生产建设项目安全风险防控指南（试行）》（应急〔2022〕52 号）6.3.5（7）。

6　项目安全条件审查风险防控

6.3　安全风险防控要点

6.3.5　项目选址与周边设施相互影响

（7）应针对建设项目对周边危险源的影响、周边危险源对建设项目的影响进行多米诺效应分析。多米诺效应分析应计算分析危险源火灾、爆炸影响范围，确定多米诺效应影响半径，给出可能受多米诺效应影响的危险源清单，提出消除、降低、管控安全风险的措施建议，并在工程设计阶段有效落实。如重大变更引起多米诺效应发生变化，应重新进行分析并提出消除、降低、管控安全风险的措施。

◀ **参考 3**　《化工装置事故多米诺效应风险评估导则》（DB32/T 4745—2024）

小结：化工园区、危险化学品建设项目应评估多米诺效应影响，计算分析危险源火灾、爆炸影响范围，提出安全风险防范措施，优化总体平面布局。

问 126　化工园区周边土地规划安全控制线如何确定?

答： 需要根据具体情况确定。

周边土地规划安全控制线是为预防和减缓化工园区危险化学品潜在生产安全事故（爆炸、中毒、火灾等）对化工园区外部防护目标的影响，用于限制化工园区周边土地开发利用的控制线。化工园区应对园区内现有、在建项目进行整体性安全风险评估，综合考虑以下原则后划定安全控制线：①不小于相关标准规范规定的安全间距；②不小于园区现有、在建（扩建）、拟建项目 3E-07 次/年个人风险等值线的范围；③综合考虑相关重大事故后果影响范围。

> **参考1**　《化工园区安全风险排查治理导则》（应急〔2023〕123号）术语4"周边土地规划安全控制线"。

> **参考2**　应急管理部关于印发《化工园区安全风险评估表》《化工园区安全整治提升"十有两禁"释义》的通知，附件2。

周边土地规划安全控制线划定目的：为进一步降低化工园区危险化学品潜在安全事故（火灾、爆炸、泄漏等）对化工园区外部防护目标的影响，保障化工园区安全发展，用于限制周边土地开发利用的控制线。安全控制线主要对控制线内的未来新建、改建或扩建项目进行安全管控，园区周边土地现有利用状况应满足相关法规标准要求。

周边土地规划安全控制线划定原则：安全控制线应从化工园区规划用地边界线"一园外侧划定，对开发区、高新区、工业区内的化工区块、多片""多区多片"等情况，应从化工区块（片区）规划用地边界线外侧划定化工园区应对园区内现有、在建项目进行整体性安全风险评估，综合考虑以下原则后划定安全控制线：①不小于相关标准规范规定的安全间距；②不小于园区现有、在建项目 $3×10^{-7}$ 次/年个人风险等值线的范围；③综合考虑相关重大事故后果影响范围。

131

小结： 化工园区周边土地规划安全控制线应考虑标准规定、3×10^{-7} 次 / 年个人风险等值线范围、重大事故后果影响范围等。

问 127　采用定量风险评价方法确定外部安全防护距离时只考虑危险化学品重大危险源吗？

答： 不应只考虑重大危险源。

当企业涉及有毒气体或易燃气体，且其设计最大量与 GB 18218—2018 中规定的临界量比值之和大于或等于 1 的危险化学品生产装置和储存设施应采用定量风险评价方法确定外部安全防护距离。当企业存在上述装置和设施时，应将企业内所有的危险化学品生产装置和储存设施作为一个整体进行定量风险评估，确定外部安全防护距离。

> **‹ 参考** 《危险化学品生产装置和储存设施外部安全防护距离确定方法》（GB/T 37243—2019）

4.3　涉及有毒气体或易燃气体，且其设计最大量与 GB 18218—2018 中规定的临界量比值之和大于或等于 1 的危险化学品生产装置和储存设施应采用定量风险评价方法确定外部安全防护距离。当企业存在上述装置和设施时，应将企业内所有的危险化学品生产装置和储存设施作为一个整体进行定量风险评估，确定外部安全防护距离。

小结： 采用定量风险评价方法确定外部安全防护距离时，不应只考虑重大危险源。

问 128　企业老旧化工装置个人风险基准怎么确定？

答： 需要根据具体情况确定。

当老旧化工装置所在厂区在《危险化学品生产装置和储存设施风险基准》（GB 36894—2018）正式实施后从未进行过新建、改建、扩建危险化学品生产装置和储存设施时，企业周围高敏感防护目标、重要防护目标、一般防护目标中的一类防护目标所承受的个人风险不应低于 $3×10^{-6}$ 次 / 年，一般防护目标中的二类防护目标所承受的个人风险不应低于 $3×10^{-5}$ 次 / 年，一般防护目标中的三类防护目标所承受的个人风险不应低于 $1×10^{-5}$ 次 / 年。反之，若老旧化工装置所在厂区在《危险化学品生产装置和储存设施风险基准》（GB 36894—2018）正式实施后进行过新建、改建、扩建危险化学品生产装置和储存设施时，企业周围高敏感防护目标、重要防护目标、一般防护目标中的一类防护目标所承受的个人风险不应低于 $3×10^{-7}$ 次 / 年，一般防护目标中的二类防护目标所承受的个人风险不应低于 $3×10^{-6}$ 次 / 年，一般防护目标中的三类防护目标所承受的个人风险不应低于 $3×10^{-5}$ 次 / 年。

> ‹ **参考** 《危险化学品生产装置和储存设施风险基准》（GB 36894—2018）

小结：《危险化学品生产装置和储存设施风险基准》正式实施后未进行过新改扩时按"在役化工装置"确定防护目标个人风险基准，进行过新改扩时按"新建、改建、扩建危险化学品生产装置和储存设施"确定防护目标个人风险基准。

问 129 化工企业新建液化烃球罐区与厂外培训学校的安全防护距离是多少？

答：化工企业新建液化烃球罐区与厂外培训学校的安全防护距离应满足以下两点要求：

①学校作为高敏感防护目标，不能位于该化工企业危险化学品生产装置和储存设施个人风险值为 3×10^{-7} 次/年等值线范围内，同时社会风险应位于可接受区；

②不应低于《石油化工企业设计防火标准》表 4.1.9 规定的 300m。

参考1 《化工企业液化烃储罐区安全管理规范》（AQ3059—2023）第 5.3 条。

参考2 《石油化工企业设计防火标准》（GB 50160—2008，2018 年版）表 4.1.9。

参考3 《危险化学品生产装置和储存设施风险基准》（GB 36894—2018）

参考4 《危险化学品生产装置和储存设施外部安全防护距离确定方法》（GB/T 37243—2019）第 4.3、4.4 条。

小结： 化工企业新建液化烃球罐区与厂外培训学校的安全防护距离不应小于 300m，同时不应小于评估确定的外部安全防护距离。

问 130　危化品生产经营单位与高速公路的距离需要多远？

答： 企业生产、储存、销售易燃、易爆、剧毒、放射性等危险物品场所、设施应位于高速公路用地外缘起向外 100m 以外。

参考 《公路安全保护条例》（国务院令第 593 号）

第十八条　除按照国家有关规定设立的为车辆补充燃料的场所、设施外，禁止在下列范围内设立生产、储存、销售易燃、易爆、剧毒、放射性等危险物品的场所、设施：

（一）公路用地外缘起向外 100 米；

（二）公路渡口和中型以上公路桥梁周围 200 米;

（三）公路隧道上方和洞口外 100 米。

问 131　防火规范中的人员密集场所如何定义?

答: 根据消防法的附则（第七十三条）及 GB/T 40248—2021 的术语定义,人员密集场所是指公众聚集场所, 医院的门诊楼、病房楼, 学校的教学楼、图书馆、食堂和集体宿舍, 养老院, 福利院, 托儿所, 幼儿园, 公共图书馆的阅览室, 公共展览馆、博物馆的展示厅, 劳动密集型企业的生产加工车间和员工集体宿舍, 旅游、宗教活动场所等。

参考1 《中华人民共和国消防法》（主席令〔2021〕第 81 号修改）第七十三条。

参考2 《人员密集场所消防安全管理》（ GB/T 40248—2021 ）, 3.3。

小结: 防火规范中的人员密集场所指公众聚集场所。

问 132　石油化工企业中心控制室是否属于消防法和防火规范中的所指的人员密集场所?

答: 不属于。

根据消防法的附则（第七十三条）及 GB/T 40248—2021 的术语定义,人员密集场所是指公众聚集场所, 医院的门诊楼、病房楼, 学校的教学楼、图书馆、食堂和集体宿舍, 养老院, 福利院, 托儿所, 幼儿园, 公共图书馆的阅览室, 公共展览馆、博物馆的展示厅, 劳动密集型企业的生产加工车间和员工集体宿舍, 旅游、宗教活动场所等。

‹ **参考1** 《中华人民共和国消防法》（主席令〔2021〕第81号修改）第七十三条。

‹ **参考2** 《人员密集场所消防安全管理》（GB/T 40248—2021），3.3。

延伸阅读:《石油化工工厂布置设计规范》（GB 50984—2014）

2.0.25　人员集中场所 staff concentration area

指固定操作岗位上的人员工作时间为40人·小时/天以上的场所。

条文说明: 人员集中场所主要指固定操作岗位上工作人员数量较多的场所。如: 办公室（楼）、控制室、操作室、化验室、维修站、食堂、消防站等。流动岗位和工作人员较少的场所，如独立卫生间、泵房等，不属于人员集中场所。建筑物内人员数量是指每天操作人员在其中停留时间的总和数量。如果每天工作8小时，5人值守，则为40人·小时/天。

根据人员集中场所定义，该中心控制室属于人员集中场所。

小结: 石油化工企业中心控制室不属于消防法和防火规范中的人员密集场所，但是GB 50984规定的人员集中场所。

问 133 操作温度高于物料闪点的丙类装置是否需要划分爆炸危险区域?

答: 丙类装置在物料操作温度高于可燃液体闪点的情况下，当可燃液体有可能泄漏时，可燃液体的蒸气或薄雾与空气混合形成爆炸性气体混合物，此时需要划分爆炸危险区域。

‹ **参考** 《爆炸危险环境电力装置设计规范》（GB 50058—2014）

3.1.1　在生产、加工、处理、转运或贮存过程中出现或可能出现下列爆炸性气体混合物环境之一时，应进行爆炸性气体环境的电力装置设计：

（3）在物料操作温度高于可燃液体闪点的情况下，当可燃液体有可能泄漏时，可燃液体的蒸气或薄雾与空气混合形成爆炸性气体混合物。

小结：操作温度超过其闪点的丙类可燃液体作业场所应划分爆炸危险区域，按爆炸性气体环境进行电力装置设计。

HSE

HEALTH SAFETY
ENVIRONMENT

附录

主要参考的法律法规及标准清单

一、技术标准

1.《建筑防火通用规范》（GB 55037—2022）

2.《化工企业总图运输设计规范》（GB 50489—2009）

3.《工业企业总平面设计规范》（GB 50187—2012）

4.《建筑设计防火规范》（GB 50016—2014，2018 年版）

5.《精细化工企业工程设计防火标准》（GB 51283—2020）

6.《石油化工企业设计防火标准》（GB 50160—2008，2018 年版）

7.《煤化工工程设计防火标准》（GB 51428—2021）

8.《石油化工工厂布置设计规范》（GB 50984—2014）

9.《石油库设计规范》（GB 50074—2014，2022 年修订）

10.《天然气液化工厂设计标准》（GB 51261—2019）

11.《工业金属管道设计规范》（GB 50316—2000，2008 年版）

12.《锅炉房设计标准》（GB 50041—2020）

13.《危险化学品重大危险源辨识》（GB 18218—2018）

14.《爆炸危险环境电力装置设计规范》（GB 50058—2014）

15.《民用爆炸物品工程设计安全标准》（GB 50089—2018）

16.《汽车加油加气加氢站技术标准》（GB 50156—2021）

17.《汽车库、修车库、停车场设计防火规范》（GB 50067—2014）

18.《城镇燃气设计规范（2020 年版）》（GB 50028—2006）

19.《建筑灭火器配置设计规范》（GB 50140—2005）

20.《危险化学品企业特殊作业安全规范》（GB 30871—2022）

21.《危险化学品生产装置和储存设施风险基准》（GB 36894—2018）

22.《化学品分类和标签规范　第 2 部分至第 29 部分》（GB 30000.2～29—

2013）

23.《易燃固体危险货物危险特性检验安全规范》（GB 19521.1—2004）

24.《危险货物品名表》（GB 12268—2012）

25.《化学品粉尘爆炸危害识别和防护指南》（GB/T 44394—2024）

26.《危险化学品生产装置和储存设施外部安全防护距离确定方法》（GB/T 37243—2019）

27.《化工园区开发建设导则》（GB/T 42078—2022）

28.《化工园区公共管廊管理规程》（GB/T 36762—2018）

29.《人员密集场所消防安全管理》（GB/T 40248—2021）

30.《工业氮》（GB/T 3864—2008）

31.《缺氧危险作业安全规程》（GB 8958—2006）

32.《纯氮、高纯氮和超纯氮》（GB/T 8979—2008）

33.《氩》（GB/T 4842—2017）

34.《工业氢氟酸》（GB/T 7744—2023）

35.《电气／电子／可编程电子安全相关系统的功能安全　第 4 部分：定义和缩略语》（GB/T 20438.4—2017）

36.《过程工业报警系统管理》（GB/T 41261—2022）

37.《爆炸性环境　电阻式伴热器　第 1 部分：通用和试验要求》（GB/T 19518.1—2024）

38.《爆炸性环境　电阻式伴热器　第 2 部分：设计、安装和维护指南》（GB/T 19518.2—2017）

39.《爆炸性环境　第 12 部分：可燃性粉尘物质特性 试验方法》（GB/T 3836.12—2019）

40.《爆炸性环境 第35部分：爆炸性粉尘环境场所分类》（GB/T 3836.35—2021）

41.《爆炸危险场所防爆安全导则》（GB/T 29304—2012）

42.《石油化工可燃气体和有毒气体检测报警设计标准》（GB/T 50493—2019）

43.《惰化防爆指南》（GB/T 37241—2018）

44.《流程工业中电气、仪表和控制系统的试车各特定的阶段和里程碑》（GB/T 22135—2019）

45.《精细化工反应安全风险评估规范》（GB/T 42300—2022）

46.《危险与可操作性分析（HAZOP分析）应用指南》（GB/T 35320—2017）

47.《保护层分析（LOPA）应用指南》（GB/T 32857—2016）

48.《危险货物运输包装类别划分方法》（GB/T 15098—2008）

49.《油气回收处理设施技术标准》（GB/T 50759—2022）

50.《人员密集场所消防安全管理》（GB/T 40248—2021）

51.《职业性接触毒物危害程度分级》（GBZ 230—2010）

52.《高毒物品作业岗位职业病危害信息指南》（GBZ/T 204—2007）

53.《大气有害物质无组织排放卫生防护距离推导技术导则》（GB/T 39499—2020）

54.《制定地方大气污染物排放标准的技术方法》（GB/T 3840—1991）

55.《酸类物质泄漏的处理处置方法 第7部分：发烟硫酸》（GB/T 4335.7—2012）

56.《化工企业液化烃储罐区安全管理规范》（AQ 3059—2023）

57.《立式圆筒形钢制焊接储罐安全技术规范》（AQ 3053—2015）

58.《化工过程安全管理导则》（AQ/T 3034—2022）

59.《化工建设项目安全设计管理导则》（AQ/T 3033—2022）

60.《危险与可操作性分析（HAZOP 分析）应用导则》（AQ/T 3049—2013）

61.《化学工业建设项目试车规范》（HG 20231—2014）

62.《压力容器中化学介质毒性危害和爆炸危险程度分类标准》（HG/T 20660—2017）

63.《管道仪表流程图设计规定》（HG 20559—1993）

64.《化工装置管道布置设计工程规定》（HG/T 20549.2—1998）

65.《酸类物质泄漏的处理处置方法　第 2 部分：硫酸》（HG/T 4335.2—2012）

66.《石油化工过程风险定量分析标准》（SH/T 3226—2024）

67.《石油化工可燃性气体排放系统设计规范》（SH 3009—2013）

68.《石油化工罐区自动化系统设计规范》（SH/T 3184—2017）

69.《石油化工企业职业安全卫生设计规范》（SH/T 3047—2021）

70.《石油化工石油气管道阻火器选用、检验及验收标准》（SH/T 3413—2019）

71.《危险货物运输规则　第 3 部分：品名及运输要求索引》（JT/T 617.3—2018）

72.《压力管道安全技术监察规程—工业管道》（TSG D0001—2009）

73.《化工园区危险品运输车辆停车场建设标准》（T/CPCIF 0050—2020）

74.《工业用硝化纤维素安全技术规范》（T/CCSAS 002—2018）

75.《化工企业工艺报警管理实施指南》（T/CCSAS 012—2022）

76.《石油和化工企业开车前安全审查导则》（T/CPCIF 0239—2023）

77.《化工企业变更管理实施规范》（T/CCSAS 007—2020）

二、法律法规及规范性文件

1.《中华人民共和国消防法》（主席令〔2021〕第 81 号修改）

2.《中华人民共和国安全生产法》（主席令〔2021〕第 88 号修改）

3.《危险化学品安全管理条例》（国务院令第 645 号修改）

4.《使用有毒物品作业场所劳动保护条例》（国务院令第 352 号，国发〔2023〕20 号修订）

5.《公路安全保护条例》（国务院令 593 号）

6.《危险化学品建设项目安全监督管理办法》（国家安全监管总局令第 45 号，第 79 号修订）

7.《危险化学品生产企业安全生产许可证实施办法》（国家安全监管总局令第 41 号，第 89 号修订）

8.《危险化学品重大危险源监督管理暂行规定》（国家安全监管总局令第 40 号，第 79 号修订）

9.《化学品物理危险性鉴定与分类管理办法》（国家安全生产监督管理总局令第 60 号）

10.《化工园区建设标准和认定管理办法（试行）》（工信部联原〔2021〕220 号）

11.《全国安全生产专项整治三年行动计划》（安委〔2020〕3 号）

12.《国务院安委会办公室关于进一步加强危险化学品安全生产工作的

指导意见》（安委办〔2008〕26 号）

13.《危险化学品生产建设项目安全风险防控指南（试行)》（应急〔2022〕52 号)

14.《高毒物品目录》（卫法监发〔2003〕142 号）

15.《危险化学品目录（2015 版)》（2022 年应急部等十部委调整)

16.《易制爆危险化学品名录（2017 年版)》

17.《危险化学品目录（2015 版）实施指南（试行)》（安监总厅管三〔2015〕80 号)

18.《危险化学品企业安全风险隐患排查治理导则》（应急〔2019〕78 号)

19.《化工园区安全风险排查治理导则》（应急〔2023〕123 号)

20.《化工企业生产过程异常工况安全处置准则（试行)》（应急厅〔2024〕17 号)

21.《国家安全监管总局关于公布首批重点监管的危险化学品名录的通知》（安监总管三〔2011〕95 号)

22.《国家安全监管总局关于公布第二批重点监管危险化学品名录的通知》（安监总管三〔2013〕12 号)

23.《国家安全监管总局关于公布首批重点监管的危险化工工艺目录的通知》（安监总管三〔2009〕116 号)

24.《国家安全监管总局关于公布第二批重点监管危险化工工艺目录和调整首批重点监管危险化工工艺中部分典型工艺的通知》（安监总管三〔2013〕3 号)

25.《国家安全监管总局　住房城乡建设部关于进一步加强危险化学品建设项目安全设计管理的通知》（安监总管三〔2013〕76 号)

26.《国家安全监管总局关于加强化工过程安全管理的指导意见》（安监总管三〔2013〕88 号）

27.《国家安全监管总局办公厅关于国内首次使用化工工艺安全可靠性论证有关问题的复函》（安监总厅管三函〔2015〕45 号）

28.《国家安全监管总局关于加强精细化工反应安全风险评估工作的指导意见》（安监总管三〔2017〕1 号）

29.《关于氯气安全设施和应急技术的指导意见》（中国氯碱工业协会〔2010〕协字第 070 号）

30.《液氯（氯气）生产企业安全风险隐患排查指南（试行）》（应急管理部危化监管一司，2023.4.14）

31.《危险化学品生产使用企业老旧装置安全风险评估指南（试行)》（应急管理部危化监管一司，2022.2.3）

32.《苯乙烯安全风险隐患排查指南（试行)》（应急管理部危化监管一司，2022.1.27）

33.《淘汰落后安全技术装备目录（2015 年第一批)》（安监总科技〔2015〕75 号）

34.《淘汰落后危险化学品安全生产工艺技术设备目录（第二批)》（应急厅〔2024〕86 号）

35.《危险化学品建设项目安全设施设计专篇编制导则》（安监总厅管三〔2013〕39 号）

36.《关于印发免于物理危险性鉴定与分类的化学品目录（第一批）的通知》（技术委员会〔2016〕1 号）

37.《化工和危险化学品生产经营单位重大生产安全事故隐患判定标准（试行)》（安监总管三〔2017〕121 号）

38.《油气储存企业紧急切断系统基本要求（试行)》（应急危化二

〔2022〕1 号）

39.《联合国关于危险货物运输的建议书试验和标准手册》（第五修订版）

40.《关于印发免于物理危险性鉴定与分类的化学品目录（第一批）的通知》（技术委员会〔2016〕1 号）